# वैदिक-गणित

गणितीय प्रश्नों को शीघ्र एवं सरलता से
हल करने वाली एक श्रेष्ठ पुस्तक

लायकराम शर्मा

यूनीकॉर्न बुक्स

प्रकाशक

यूनीकॉर्न बुक्स

F-2/16, अंसारी रोड, दरियागंज, नई दिल्ली-110002
☎ 23275434, 23262683, 23250704 • Fax: 011-23257790
ई-मेल: info@unicornbooks.in • वेबसाइट: www.unicornbooks.in

**शाखा : मुम्बई**

23-25, जाओबा वाड़ी, ठाकुरद्वार, मुम्बई-401002
☎ 022-22010941, 022-22053387
ई-मेल: rapidex@bom5.vsnl.net.in



ISBN: 978-81-7806-234-1
*वैदिक गणित*

**संस्करण :** 2019



मुद्रकः परम ऑफसेटर्स, ओखला, नई दिल्ली-110020

# वैदिक-गणित

# समर्पण

जगद्गुरु स्वामी श्री भारतीकृष्ण तीर्थ जी महाराज
के श्री चरणों में सादर समर्पित

**लायकराम शर्मा**

# प्रस्तावना

आजकल विज्ञान के मेधावी छात्र गणित जैसा अमूर्त और 'शुद्ध' विज्ञान पढ़ने की बजाय व्यावहारिक विषयों में ज्यादा रुचि ले रहे हैं। इंजीनियरिंग और मैनेजमेण्ट जैसे विषयों में ज्यादा आकर्षक रोजगार की सम्भावनाएँ हैं। इसीलिए छात्रों की रुझान उनकी ओर ज्यादा है। यह स्थिति बदलने के लिए गम्भीर प्रयासों की आवश्यकता है। हम जानते हैं कि हर व्यावहारिक विज्ञान या हर व्यावहारिक विषय के पीछे गणित है। भौतिकशास्त्र हो या रसायनशास्त्र अथवा जीवविज्ञान, गणित का प्रयोग सभी में होता है। टेक्नोलॉजी की कल्पना तो बिना गणित के, की ही नहीं जा सकती। कम्प्यूटर और सारी सूचना-टेक्नोलॉजी गणित पर आधारित है और आर्थिक प्रबन्धन भी गणित पर ही आधारित है।

अपने मौलिक स्वरूप में गणित पूर्णतः अमूर्त एवं 'शुद्ध' विषय है। इसमें वही रुचि लेता है, जिसको ज्ञान पाने या समस्या सुलझाने के लिए चुनौतियाँ स्वीकार करने की क्षमता होती है। गणित की उच्चत्तर और जटिल समस्याओं का सम्बन्ध व्यावहारिक आवश्यकताओं की पूर्ति से नहीं है, किन्तु बाद में कोई व्यावहारिक पूर्ति हो जाये तो अलग बात है।

मेधावी छात्रों की रुझान मैनेजमेण्ट इंजीनियरिंग एवं मेडिकल की ओर अधिक दिखायी दे रहा है, किन्तु भारत को अपनी तरक्की के लिए भविष्य में शोध कार्य में अपनी बौद्धिक सम्पदा लगानी होगी। हमारी

तरक्की का अगला चरण इसी बात पर निर्भर करेगा कि हमें विज्ञान के क्षेत्र में कितने उच्च शिक्षित नौजवान प्राप्त होते हैं। आज कम्प्यूटर और सूचना टेक्नोलॉजी के क्षेत्र में भारत की विश्व में जो धाक है, उसके पीछे गणित में हमारी महारत है। गणित में हमारी दक्षता कायम रहे इसके लिए हमें ऐसे गणितीय ज्ञान की आवश्यकता है जो जटिल से जटिल समस्याओं को सरलतापूर्वक द्रुत गति से हल कर सके और यह केवल वैदिक गणित के सूत्रों से ही सम्भव है। वेद समस्त ज्ञान के स्रोत हैं। वेद ज्ञान व विज्ञान का अथाह सागर व प्रेरणा स्रोत होने के फलस्वरूप सच्चे जिज्ञासु के लिए नवीनतम तकनीक हैं। वेदों से प्रेरणा लेकर लाखों लोगों ने ज्ञान के पथ का अनुसरण किया है।

वैदिक गणित पद्धति की स्वाभाविक प्रणालियों के नियमित अभ्यास से मानवीय मस्तिष्क का सर्वांगीण विकास स्वतः ही होने लगता है। वैदिक गणित से अर्न्तज्ञान विकसित होता है। गोवर्धन पीठ के शंकराचार्य स्वर्गीय भारतीकृष्ण तीर्थ जी ने इन सूत्रों में अकाट्य शीघ्रता तथा सरलता का दावा किया है।

वैदिक सूत्रों की सहायता से लेखक द्वारा की गयी गणित की विभिन्न महत्त्वपूर्ण क्रियाओं जैसे– योग, व्यवकलन, गुणन, भाग, वर्ग, वर्गमूल, घन एवं घनमूल आदि की विवेचना छात्रों तथा गणित में रुचि रखने वाले प्रबुद्ध वर्ग के लिए उपयोगी साबित होगी।

कहीं-कहीं लेखन कार्य सरल विषय होते हुए भी बहुत लम्बा हो गया है। लेकिन एक बार पढ़ने व अभ्यास करने से मूल क्रियाओं को आसानी से द्रुत गति से हल किया जा सकता है।

लेखक की इच्छा एक ऐसी पुस्तक प्रस्तुत करने की रही है, जो ज्ञानवर्द्धक होने के साथ-साथ मनोरंजक भी हो। आशा है, प्रस्तुत पुस्तक मेरे उस लक्ष्य को पूर्ण करने में सफल होगी, जिस लक्ष्य को लेकर यह लिखी गयी है।

अन्त में मैं उन सभी संसाधनों का आभारी हूँ जिनकी सहायता से इस लघु कृति का स्वरूप प्राप्त हुआ।

**–लायक राम शर्मा**

# अनुक्रमणिका

1

# वैदिक गणित

## Vedic Mathematics

1.1 **विषय-प्रवेश–** वेद समस्त ज्ञान के स्रोत हैं। वेद मानव समाज के लिए न केवल आध्यात्मिक (तथाकथित परलोक या स्वर्ग) वरन् इहलौकिक, सांसारिक तथा व्यावहारिक ज्ञान भी प्रदान करते हैं। हम जानते हैं कि वेदों की संख्या चार है, किन्तु यह कम लोग ही जानते हैं कि प्रत्येक वेद का एक-एक उपवेद भी है। चार वेद तथा उनके चार उपवेद निम्नानुसार हैं–

| **वेद** | **उपवेद** |
|---|---|
| ऋग्वेद | आयुर्वेद |
| यजुर्वेद | धनुर्वेद |
| सामवेद | गान्धर्व वेद |
| अथर्ववेद | स्थापत्य वेद |

**स्थापत्य उपवेद का अर्थ है–** इंजीनियरिंग, जिसके अन्तर्गत सारा वास्तुशिल्प तथा संरचनात्मक सम्बन्धी सारे मानवीय उद्यम आते हैं। वैदिक गणित स्वाभाविक रूप से इसी उपवेद की देन है, जिसे सर्वप्रथम गोवर्धनपीठ के शंकराचार्य स्वर्गीय भारतीकृष्ण तीर्थ जी द्वारा समाज के समक्ष सरलतम सूत्रों के रूप में प्रस्तुत किया गया है। वैदिक गणित के बारे में स्वामी जी ने लिखा है कि–

- वैदिक गणीत सीखने में सरल है।
- वैदिक गणित मेधाशक्ति को प्रखरता प्रदान करता है।
- वैदिक गणित, गणित के सभी प्रकार के प्रश्नों को हल करने में सक्षम है।
- वैदिक गणित विशिष्ट प्रश्नों के लिए विशेष द्रुत-गति की पद्धति है।
- वैदिक गणित, गणित की सम्पूर्ण पद्धति है।
- वैदिक गणित प्रतियोगी परीक्षाओं के लिए एक वरदान है।

## 1.2 वैदिक गणित के अथवा वेदों से प्राप्त 16 सरल गणितीय सूत्र–

### सोलह सूत्र एवं उनके उपसूत्र

| | सूत्र | उपसूत्र |
|---|---|---|
| 1. | एकाधिकेन पूर्वेण | आनुरूप्येण |
| 2. | निखिलं नवतश्चरम दशतः | शिष्यतेशेषसंज्ञः |
| 3. | ऊर्ध्वतिर्यग्भ्याम् | आद्यमाद्येनान्त्यमन्त्येन |
| 4. | परावर्त्य योजयेते | केवलैः सप्तकं गुण्यात् |
| 5. | शून्य साम्यसमुच्चये | वेष्टनम् |
| 6. | (आनुरूप्ये) शून्यमन्यत | यावदूनं तावदूनम् |
| 7. | संकलनव्यवकलनाभ्योम् | यावदूनं तावदूनीकृत्य वर्ग |
| 8. | पूरणापूरणाभ्याम | च योजयेत |
| 9. | चलनकलनाभ्याम् | अन्त्ययोर्दशकेऽपि |
| 10. | यावदनम् | अन्त्ययोरेव |
| 11. | व्यष्टि समाष्टिः | समुच्चय गुणितः |
| 12. | शेषाण्यङ्केनचरमेण | लोपनस्थापनाभ्याम् |
| 13. | सोपान्त्यद्वयमन्त्यम् | विलोकनम् |
| 14. | एकन्यूनेन पूर्वेण | गुणितसमुच्चयेः समुच्चय |
| 15. | गुणितसमुच्चयः | } |
| 16. | गुणक समुच्चयः | |

सूत्र 15 एवं 16 के कोई उपसूत्र नहीं है

1.3 **महत्त्व पूर्ण तथ्य–** वैदिक विधि से गणित की विभिन्न क्रियाओं की विवेचना करने से पूर्व हम आपका ध्यान निम्नलिखित महत्त्वपूर्ण तथ्यों की ओर आकर्षित करना आवश्यक समझते है–

**अंक–** 0, 1, 2, 3, 4, 5, 6, 7, 8, 9 ये अंक हैं।

**बीजांक–** 1, 2, 3, 4, 6, 7, 8, 9 ये बीजांक हैं।

**एकाधिकेन पूर्वेण–** एकाधिकेन पूर्वेण का अर्थ है– पूर्व (पहले) से एक अधिक जैसे–

52 का एकाधिकेन पूर्वेण 53 है।
75 का एकाधिकेन पूर्वेण 76 है।
101 का एकाधिकेन पूर्वेण 102 है।

**एक न्यून पूर्वेण–** एक न्यून पूर्वेण का अर्थ है पहले (पूर्व) से एक कम।

जैसे– 52 का एक न्यून पूर्वेण 51 है।
75 का एक न्यून पूर्वेण 74 है।
101 का एक न्यून पूर्वेण 100 है।

**एकाधिक–** वैदिक गणित की कुछ क्रियाओं में एकाधिक सूत्र का प्रयोग होगा। एकाधिक (.) बिन्दु द्वारा दर्शाया जाता है, जिसका मान 1 होता है, जैसे $\dot{4} = 5$, $\dot{8} = 9$

**परम-मित्र–** जिन दो अंकों का योगफल 10 (दस) होता है, वे दो अंक आपस में एक-दूसरे के परम-मित्र कहलाते हैं। जैसे–

1 का परम मित्र 9 है।

2 का परम मित्र 8 है।

3 का परम मित्र 7 है।

4 का परम मित्र 6 है।

5 का परम मित्र 5 है।

6 का परम मित्र 4 है।

7 का परम मित्र 3 है।

8 का परम मित्र 2 है।

9 का परम मित्र 1 है।

**स्थानीय मान**–किसी संख्या में अंक जिस स्थान पर होता है, उस स्थान के अनुरूप ही उस अंक का स्थानीय मान होता है। जैसे–

(i) 547 में 5, 4, 7 का स्थानीय मान ज्ञात करना।

**हल**– 5 का अंक सैकड़े के स्थान पर है, अतः 5 का स्थानीय मान = 500 होगा।

547 में 4 दहाई के स्थान पर है, अतः 4 का स्थानीय मान = 40 होगा।

547 में 7 इकाई के स्थान पर है, अतः 7 का स्थानीय मान = 7 होगा।

(ii) 4508 में 4, 5, 0 तथा 8 का स्थानीय मान ज्ञात करना।

**हल**– 4508 में 4 हजार के स्थान पर है अतः 4 का स्थानीय मान = 4000 है।

4508 में 5 सैकड़े के स्थान पर है अतः 5 का स्थानीय मान = 500 है।

4508 में 0 दहाई के स्थान पर है अतः 0 का स्थानीय मान = 0 है।

4508 में 8 इकाई के स्थान पर है अतः 8 का स्थानीय मान = 8 है।

(iii) 505 में 5, 0, 5 का स्थानीय मान ज्ञात करना।

**हल**– 505 में सबसे बायीं ओर 5 सैकड़े के स्थान पर है अतः 5 का स्थानीय मान = 500 है।

505 में 0 दहाई के स्थान पर है अतः 0 का स्थानीय मान = 00 है।

505 में 5 इकाई के स्थान पर, अतः 5 का स्थानीय मान = 5 है।

**शून्यान्त–** जिन संख्याओं के अन्त में (इकाई में) शून्य आता है, उन संख्याओं को हम शून्यान्त संख्या कहते हैं। जैसे–

10, 20, 30, 40, ...., ..., ...,

100, 200, 300, 400, .....

1000, 2000, 3000, 4000, .....

450, 920, 1060, 280, ..... आदि सभी शून्यान्त संख्याएँ है।

**गणितीय आधार–** वैदिक गणित में आधार-पद्धति का प्रयोग करने से बहुत-सी गणित-क्रियाएँ आसान हो जाती हैं। आधार सदैव 10 या 10 का कोई घात (Power) होता है। उदाहरणार्थ 10, 100, 1000, 10000 आदि।

**आधार से विचलन**

- हम उस संख्या को आधार मानते हैं, जो उस संख्या के निकट हो। वे संख्याएँ जिनका मान लिये गये आधार से अधिक होता है, उनमें आधार से अधिकता को धनात्मक चिह्न के साथ उन्हीं संख्याओं के साथ लिखा जाता है। जैसे संख्या 12 के लिए आधार 10 मानना होगा, क्योंकि 12 दस के निकट है। अतः आधार = 10, आधार से विचलन = 2, लिखने की प्रणाली 12 = 12 + 2
- वे संख्याएँ जिनका मान लिये गये आधार से कम होता है, उनमें आधार से न्यूनता को ऋणात्यम चिह्न के साथ उन्हीं संख्याओं के साथ लिख दिया जाता है, जैसे संख्या 8 के लिए आधार 10 मानना होगा, क्योंकि 8 संख्या आधार 10 के निकट है तथा आधार से विचलन = 2, लिखने की प्रणाली 8 = 8 – 2

आधार-पद्धति को स्पष्ट करने के लिए कुछ और उदाहरण देखिए–

| | संख्या | आधार | आधार से विचलन | लिखने की प्रणाली |
|---|---|---|---|---|
| i | 105 | 100 | 5 | 105 + 05 |
| ii | 115 | 100 | 15 | 115 + 15 |
| iii | 112 | 100 | 12 | 112 + 12 |
| iv | 1003 | 1000 | 3 | 1003 + 003 |
| v | 10008 | 10000 | 8 | 10008 + 0008 |
| vi | 98 | 100 | −2 | 98 − 02 |
| vii | 96 | 100 | −4 | 96 − 04 |
| viii | 995 | 1000 | −5 | 995 − 005 |
| ix | 998 | 1000 | −2 | 998 − 002 |
| x | 9997 | 10000 | −3 | 9997 − 0003 |

**टिप्पणी–** यदि संख्या आधार, 10, 100, 1000, 10000 आदि से अधिक अन्तर रखती हो, तो एक उप-आधार का प्रयोग किया जाता है। जिस उप-आधार का प्रयोग हम करने जा रहे हैं, उसे आधार का गुणक होना आवश्यक हैं।

**उदाहरणार्थ–** संख्या 62, आधार 10 या आधार 100 से बहुत दूर है, अत: यहाँ हम आधार 10 तथा उप-आधार 60 मानेंगे तथा संख्या 62 को इस प्रकार लिखेंगे– 62 = 62 + 2

आधार-पद्धति का सर्वाधिक उपयोग गुणन-क्रियाओं को हल करने में होता है।

## प्रश्नावली-1

1. निम्नलिखित अंकों के परम मित्र बताइए।

   4, 2, 3, 7

2. 395 में 9 का स्थानीय मान बताइए।
3. निम्नलिखित संख्याओं के उपर्युक्त आधार बताइए।

   103, 12, 97 998

4. निम्नलिखित संख्याओं के आधार तथा उप-आधार लिखिए।

   32, 56, 63, 45

5. 10 और 80 के बीच की शून्यान्त संख्याएँ लिखिए।

---

## उत्तरमाला (Answers)

1. 6, 8, 7, 3
2. 90
3. 100, 10, 100, 1000
4.

| **संख्या** | 32 | 56 | 63 | 45 |
|---|---|---|---|---|
| **आधार** | 10 | 10 | 10 | 10 |
| **उप-आधार** | 30 | 50 | 60 | 40 |

5. 20, 30, 40, 50, 60, 70

❖❖❖

2

# योग
# Addition

**2.1 विषय-प्रवेश–** गणित की चार मूलभूत क्रियाओं-योग, व्यवकलन, गुणन एवं भाग में योग एक सरलतम क्रिया है। प्रचलित विधि के अनुसार योग करने में समय भी अधिक लगता है और त्रुटियों की सम्भावना भी अधिक रहती है। वैदिक विधि से योग करने में समय कम लगता है तथा त्रुटियों की सम्भावना नगण्य रहती है। वैदिक विधि से योग करने की मुख्यत: तीन विधियाँ हैं–

1. शून्यान्त विधि
2. स्थानीय मान विधि
3. एकाधिकेन पूर्वेण सूत्र के द्वारा

**2.2 शून्यान्त विधि–** जिन संख्याओं के अन्त में शून्य होता है, उन्हें हम शून्यान्त संख्याएँ कहते हैं। जैसे–

10, 20, 30, 40, 50, ..., ..., ..., इत्यादि

100, 200, 300, 400, 500, ..., ..., ..., इत्यादि

शून्यान्त संख्याओं को आपस में जोड़ना या शून्यान्त संख्या में कोई अन्य संख्या जोड़ना बहुत आसान होता है। निम्नलिखित उदाहरणों द्वारा शून्यान्त-विधि की व्याख्या की जायेगी।

**उदाहरण-1**

(i) 40 + 20 = 60

40 और 20 दोनों शून्यान्त संख्याएँ हैं और इन्हें मौखिक जोड़ा जा सकता है।

(ii) 300 + 500 = 800

दोनों ही संख्याएँ सैकड़ा की संख्याएँ हैं और शून्यान्त हैं, अतः मौखिक ही जोड़ा जा सकता है।

(iii) 39 + 21

इस प्रकार के प्रश्न हल करने में **'विलोकनम्'** सूत्र का महत्त्व है। 'विलोकनम' का अर्थ है– संख्याओं को ध्यान से देखना। ध्यान से देखने के पश्चात् शून्यान्त संख्या प्राप्त करें। इस प्रकार शून्यान्त संख्या प्राप्त करने के पश्चात् संख्याओं का जोड़ना सरल हो जायेगा।

**हल–** 39 में 21 जोड़ना है।

39 में 1 जोड़ने पर शून्यान्त संख्या 40 प्राप्त हुई। इस 1 को हमने 21 में से लिया और परिणामस्वरूप 21 के स्थान पर 20 रह गये अब 40 + 20 = 60 योगफल हुआ।

(iv) 98 + 45

**हल–** 98 में 2 जोड़ने पर शून्यान्त संख्या 98 + 2 = 100 प्राप्त होती है। यह 2 हमें 45 से प्राप्त हुआ और 45 के स्थान पर अब रह गये 45 – 2 = 43 शेष रहे। अब हमें 98 और 45 को न जोड़ते हुए 100 और 43 को जोड़ना है, जिसका (मौखिक) योगफल 100 + 43 = 143 होगा।

(v) 197 + 33

**हल–** 197 में 3 जोड़ने पर हमें शून्यान्त संख्या 200 प्राप्त होगी। यह 3 हमें 33 से प्राप्त हुआ और 33 में से 3 निकल जाने पर 33 – 3 = 30 शेष रहे। अब हमें 197 तथा 33 को योग न करते हुए 200 और 30 को जोड़ना है, जोकि 230 हुआ।

**2.3 स्थानीय मान विधि– 'विलोकनम्'** सूत्र से ही यह ज्ञात हो जाता है कि किसी संख्या में कोई अंक किस स्थान पर है और उसका स्थानीय मान क्या है। स्थानीय मान का ज्ञान हो जाने पर संख्याओं को जोड़ना आसान हो जाता है। स्थानीय मान विधि बहुत कुछ शून्यान्त विधि से मिलती–जुलती है।

**उदाहरण-2**

(i)
$$\begin{array}{r} 45 \\ +32 \\ \hline \end{array}$$

**हल–** चरण-1 45 में 4 का स्थानीय मान 40 और 5 का स्थानीय मान 5 है।

चरण-2 32 में 3 का स्थानीय मान 30 और 2 का स्थानीय मान 2 है।

चरण-3 इस प्रकार शून्यान्त विधि से

40 + 30 = 70

तथा हम जानते हैं कि 5 + 2 = 7

इस प्रकार 45 + 32 = 70 + 7 = 77

(ii) 87 + 31

**हल–** चरण-1 87 = 80 + 7

चरण-2 31 = 30 + 1

चरण-3 87 + 31 = 80 + 7 + 30 + 1

= 80 + 30 + 7 + 1

= 110 + 8 (शून्यान्त विधि)

= 118

(iii)

$$\begin{array}{r} 1\,3\,7 \\ 2\,5\,4 \\ +\,3\,6\,1 \\ \hline \end{array}$$

**हल–**

$$\begin{array}{r} 137 = 100 + 30 + 7 \\ 254 = 200 + 50 + 4 \\ +\ 361 = 300 + 60 + 1 \\ \hline \end{array}$$

इकाई का जोड़ = 12

दहाई का जोड़ = 140

सैकड़ा का जोड़ = 600

कुल योग = 752 (मौखिक विलोकनम् सूत्र से)

(iv)

$$\begin{array}{r} 8\,5\,3\,1 \\ 3\,2\,0\,5 \\ +\ \ 8\,4\,2 \\ \hline \end{array}$$

**हल–**

$$\begin{array}{r} 8531 = 8000 + 500 + 30 + 1 \\ 3205 = 3000 + 200 + 00 + 5 \\ +\ 842 = \qquad + 800 + 40 + 2 \\ \hline \end{array}$$

योग = 11000 + 1500 + 70 + 8

= 12578 (विलोकनम् सूत्र से)

**2.4 एकाधिकेन पूर्वेण सूत्र द्वारा योग–** इस विधि में चिह्न (.) बिन्दु को एकाधिक बिन्दु के रूप में प्रयोग करते हैं। (.) बिन्दु का मान 1 होता है।

**उदाहरण–**

(i)

$$\begin{array}{r} 4\,5 \\ +\,3\,7 \\ \hline \end{array}$$

चरण–1 इकाई में इकाई जोड़ना

प्रथमस्तम्भ में 5 + 7 = 12 यहाँ 12 के 1 को 7 के बायीं ओर के अंक 3 पर (.) एकाधिक चिह्न लगायेंगे और 12 के 2 को नीचे हल के रूप में रखेंगे।

यथा $\begin{array}{r} 45 \\ +\overset{g}{3}7 \\ \hline \end{array}$

चरण–2 दहाई में दहाई जोड़ना

द्वितीय स्तम्भ में 4 + (.) + 3 = 4 + 1 + 3 = 8

**टिप्पणी ( . ) = 1**

इस 8 को दहाई के नीचे हल के रूप में रखेंगे, इस प्रकार योगफल 82 होगा।

$$\begin{array}{r} \text{द०ई०} \\ 45 \\ +37 \\ \hline 82 \end{array}$$

(ii) $\begin{array}{r} \text{द०ई०} \\ 37 \\ +98 \\ \hline \end{array}$

चरण–1 इकाई में इकाई जोड़ना

प्रथमस्तम्भ के 7 + 8 = 15

15 के 5 को हल के रूप में नीचे रखा और 1 के 8 के बायीं ओर एकाधिक (.) चिह्न के रूप में 9 के ऊपर व्यक्त किया। यथा–

$$\begin{array}{r} \text{द०ई०} \\ 37 \\ \overset{g}{9}8 \\ \hline 5 \end{array}$$

चरण–2 दहाई में दहाई जोड़ना

द्वितीय स्तम्भ में आये अंक 3 + (.) + 9

= 3 + 1 + 9 = 13

13 के 3 को हल के रूप में नीचे रखेंगे और 1 को एकाधिक चिह्न के रूप में 9 के बायीं ओर रखेंगे। चूँकि यहाँ 9 के बायीं और कोई अंक नहीं है, अत: अपनी ओर से शून्य (0) लिखकर उसके ऊपर ($\dot{0}$) एकाधिक चिह्न लगायेंगे। यथा–

द०ई०
37

$\overset{g}{0}98$

35

चरण-3 तृतीय चरण में केवल एकाधिक ($\dot{0}$) चिह्न है, अत: ($\dot{0}$) = 1 को हल के रूप में सैकड़ा के स्थान पर नीचे रखेंगे। इस प्रकार योगफल निम्नानुसार होगा–

37

$\overset{g}{0}98$

135

(iii) सै०द०ई०
357
+284

चरण-1 इकाई में इकाई जोड़ना

7 + 4 = 11

11 के दायीं ओर के 1 को हल के रूप में नीचे रखा बायीं ओर के एक को एकाधिक चिह्न के रूप में, 4 के बायीं ओर 8 पर लगाया। यथा–

357

$2\overset{g}{8}4$

1

चरण-2 दहाई में दहाई जोड़ना

द्वितीय स्तम्भ में 5 + (.) + 8 = 14

14 के 4 को हल के रूप में नीचे रखा और 14 के 1 को एकाधिक चिह्न के रूप में 8 के बायीं ओर 2 के ऊपर लगाया। यथा–

सै०द०ई०
357

$\overset{g}{2}\overset{g}{8}4$

41

**चरण-3** सैकड़ा में सैकड़ा जोड़ना

तृतीय स्तम्भ में 3 + (.) + 2 = 6

6 को हल के रूप में सैकड़ा के नीचे रखा।

यथा–

$$\begin{array}{ccc} \text{सै०} & \text{द०} & \text{ई०} \\ 3 & 5 & 7 \\ \dot{2} & \dot{8} & 4 \\ \hline 6 & 4 & 1 \end{array}$$

(iv) वैदिक विधि से योग की क्रिया-विधि को स्पष्ट करने के लिए नीचे योग के कुछ और उदाहरण दिये जा रहे हैं, जिनकी व्याख्या नहीं की जा रही है। पिछले उदाहरण में की गयी व्याख्या के आधार पर इन उदाहरणों को समझने की चेष्टा करें।

**उदाहरण-4**

(i)

$$\begin{array}{rcccc} & & 8 & 5 & 7 \\ & \dot{0} & 3 & \dot{2} & 6 \\ + & & \dot{5} & 8 & 3 \\ \hline & 1 & 7 & 6 & 6 \end{array}$$

(ii)

$$\begin{array}{rccccc} & & 4 & 5 & 3 & 6 \\ & & 2 & 3 & \dot{0} & 7 \\ & \dot{0} & \dot{4} & \dot{8} & 9 & 5 \\ + & & \dot{3} & 4 & \dot{5} & 6 \\ \hline & 1 & 5 & 1 & 9 & 4 \end{array}$$

**टिप्पणी–** वैदिक विधि से (एकाधिकेन पूर्वेण सूत्र द्वारा) योग करने में जैसे की योग 10 या 10 से अधिक होता है, एकाधिक चिह्न (.) का प्रयोग करते हैं। याद रखें (.) = 1

## प्रश्नावली-2

वैदिक विधि से योग ज्ञात कीजिए।

1.
```
  84
 +53
```

2.
```
  79
 +48
```

3.
```
  654
  382
 +175
```

4.
```
  578
  326
 +583
```

5.
```
  4857
  3206
  4532
 +5463
```

6.
```
  3256
  4087
  3568
 +7325
```

7.
```
  5672
   284
  3075
 +1862
```

8.
```
  8205
  3621
  4537
 +3214
```

9.
```
  32578
  43062
  31254
  25732
 +15643
```

10.
```
  87305
  32410
  80729
  31042
 +51436
```

---

## उत्तरमाला (Answers)

**1.** 137 **2.** 127 **3.** 1211 **4.** 1487 **5.** 18058
**6.** 18236 **7.** 10893 **8.** 19577 **9.** 148269 **10.** 282922

❖❖❖

3

# व्यवकलन
# Subtraction

**3.1 विषय प्रवेश–** गणित की चार मूलभूत क्रियाओं–योग, व्यवकलन, गुणन एवं भाग में व्यकलन एक महत्त्वपूर्ण क्रिया है। यह एक प्रकार से योग का विलोम है। प्रचलित विधि के अनुसार व्यवकलन में त्रुटि की सम्भावना अधिक रहती है, जबकि वैदिक गणित विधि से व्यवकलन में शीघ्रता तो होती ही है, त्रुटि की सम्भावना भी नगण्य रहती है। वैदिक गणित में व्यवकलन की मुख्यतः तीन विधियाँ हैं–

1. शून्यान्त विधि
2. एकाधिकेन पूर्वेण सूत्र के द्वारा
3. निखिलम् नवतः चरम दशतः सूत्र के द्वारा

**3.2 शून्यान्त विधि–** जैसा हम पहले बता चुके हैं कि शून्यान्त संख्या उन्हें कहते हैं, जिनके अन्त में शून्य होता है। जैसे–

10, 20, 30, 40, ..., ..., ...,

100, 200, 300, 400, ..., ..., ...,

1000, 2000, 3000, 4000, ..., ..., ...,

360, 590, 240, ..., ..., ..., आदि

विलोकनम् सूत्र के द्वारा शून्यान्त संख्या से शून्यान्त संख्या घटाना अत्यन्त सरल है।

**उदाहरण–1**

(i) 80 – 50 = 30

(ii) 100 – 30 = 70

(iii) 5000 – 3000 = 2000

(iv) 800 – 300 = 500

(v) 750 – 340 = 410

इस प्रकार के शून्यान्त संख्याओं वाले व्यवकलन के प्रश्न विलोकनम् सूत्र की सहायता से मौखिक हल किये जा सकते हैं।

**3.3 व्यवकलन के लिए एकाधिकेन पूर्वेण सूत्र की व्याख्या-** एकाधिकेन पूर्वेण का अर्थ है– पूर्व से एक अधिक अर्थात् पहले अंक से एक अंक अधिक। इसकी विस्तृत व्याख्या अध्याय एक में की जा चुकी है। योग के प्रश्न हल करने में भी हम एकाधिकेन पूर्वेण सूत्र का उपयोग कर चुके हैं। व्यवकलन में 'एकाधिक' के साथ-साथ 'परम-मित्र' सूत्र का भी उपयोग होगा। परम-मित्र के बारे में भी अध्याय-एक में बताया जा चुका है कि–

1 का परम मित्र 9 तथा 9 का परम मित्र 1 है।

2 का परम मित्र 8 तथा 8 का परम मित्र 2 है।

3 का परम मित्र 7 तथा 7 का परम मित्र 3 है।

4 का परम मित्र 6 तथा 6 का परम मित्र 4 है।

5 का परम मित्र 5 ही है।

अब कुछ उदाहरणों द्वारा व्यवकलन की क्रिया को हम स्पष्ट करेंगे।

**उदाहरण-2**

(i) 867 में से 321 घटाना

$$\begin{array}{rl} \text{सै॰द॰ई॰} & \\ 8\,6\,7 & \text{व्यवकलक} \\ -\,3\,2\,1 & \text{व्यवकल्य} \\ \hline 5\,4\,6 & \text{शेष} \end{array}$$

**हल–**

व्यवकलन को आम बोल चाल की भाषा में 'घटाना' भी कहते हैं। व्यवकलन में जिस संख्या में से हम घटाते हैं, उसे **व्यवकलक** तथा जिस संख्या को घटाते हैं, उसे **व्यवकल्य** कहते हैं। घटाने पर जो परिणाम प्राप्त होता है अर्थात् जो संख्या हमे प्राप्त होती है, उस संख्या को **शेष** कहते हैं। उपर्युक्त उदाहरण में हम देखते है, कि व्यवकलक का प्रत्येक अंक (इकाई अंक, दहाई अंक, सैकड़ा अंक) व्यवकल्य के प्रत्येक अंक से अधिक है। अतः व्यवकलन की क्रिया बहुत आसान है।

यथा– योग की तरह व्यवकलन की क्रिया भी इकाई के अंक से प्रारम्भ होती है, अर्थात् हम दायें से बायें इस क्रिया को करते हैं। व्यवकलक 867 के इकाई अंक 7 में से व्यवकल्य के इकाई अंक 1 को घटाने (कम करने) पर शेष 6 बचा, जिसे हम इकाई के रूप में दोनों संख्याओं के नीचे खींची गई क्षैतिज रेखा के नीचे रख देते हैं। इसी प्रकार दहाई के अंक 6 में से 2 घटाने पर शेष 4 बचा। उसे दहाई के ही नीचे रखा। सैकड़ा के अंक 8 में से 3 घटाने पर शेष 5 बचा, जिसे सैकड़ा के नीचे रखा। इस प्रकार परिणाम अथवा शेष 546 प्राप्त हुआ।

(ii) 835 में से 261 घटाओ।

**हल–**

$$\begin{array}{rl} \text{सै॰द॰ई॰} & \\ 8\,3\,5 & \text{व्यवकलक} \\ -\,2\,6\,1 & \text{व्यवकल्य} \\ \hline 4 & \end{array}$$

उपर्युक्त उदाहरण में व्यवकलक 835 के इकाई अंक 5 में से व्यवकल्य के इकाई अंक 1 घटाने पर शेष 4 बचा, जो इस प्रकार लिखा–

$$\begin{array}{r} 8\,3\,5 \\ -\,2\,6\,1 \\ \hline 4 \end{array}$$

हम देखते हैं कि व्यकलक का दहाई का अंक 3 व्यवकल्य के दहाई के अंक 6 से कम है, अर्थात् 3 में से हम 6 कम नहीं कर सकते हैं। इस प्रकार की समस्या आने पर हम एकाधिकेन पूर्वेण एवं परम मित्र सूत्र का उपयोग करते हैं।

- एकाधिकेन पूर्वेण सूत्र के अनुसार 6 के पूर्व अंक 2 पर एकाधिकेन (.) चिह्न रखकर 2 को $\dot{2}$ लिखा।
- व्यवकल्य के दहाई के अंक 6 का परम मित्र 4 है।

इसे व्यवकलक के दहाई अंक 3 में जोड़ने पर परिणाम 7 प्राप्त हुआ। इसे हम शेष के रूप में दहाई के नीचे निम्नानुसार रखते हैं–

$$\begin{array}{r} 8\,3\,5 \\ -\,\dot{2}\,6\,1 \\ \hline 5\,7\,4 \end{array}$$

- अगली क्रिया में हम देखते हैं कि व्यवकलक का सैकड़ा का अंक 8 व्यवकल्य के सैकड़ा के अंक $\dot{2}$ अर्थात् 3 (एकाधिकेन पूर्वेण) से अधिक है, अतः यहाँ एकाधिकेन सूत्र का उपयोग नहीं होगा तथा साधारण घटाने की क्रिया करने पर शेष 5 प्राप्त होगा, जिसे हम निम्नानुसार सैकड़ा के नीचे रखेंगे।

$$\begin{array}{r} 8\,3\,5 \\ -\,2\,6\,1 \\ \hline 5\,7\,4 \end{array}$$

इस प्रकार हमें परिणाम या शेष 574 प्राप्त हुआ।

> **टिप्पणी–** जब व्यवकलक का कोई अंक (इकाई, दहाई, सैकड़ा) व्यवकल्य के उसी अंक (इकाई, दहाई, सैकड़ा) से कम होता है, तो हम एकाधिकेन पूर्वेण एवं परम मित्र दोनों सूत्रों का उपयोग करते हैं।

(iii) 2838 को 5236 में से घटाना।

**हल–** इस उदाहरण में 2838 को 5236 में से घटाना है, अतः 5236 को ऊपर तथा 2838 को नीचे रखेंगे।

$$\begin{array}{rl} \text{ह०सै०द०ई०} & \\ 5\,2\,3\,6 & \text{व्यवकलक} \\ \underline{-2\,8\,3\,8} & \text{व्यवकल्य} \end{array}$$

- व्यवकलक का इकाई का अंक 6 व्यवकल्य के इकाई के अंक 8 से कम है, अतः 8 के पूर्व अंक 3 का $\dot{3}$ के रूप में **एकाधिनेन** सूत्र का उपयोग होगा।
- इकाई का अंक (व्यवकल्य का) 8 के परम मित्र 2 को 6 में जोड़ने पर परिणाम 8 ।
- इस 8 को शेष के रूप में रखा।

$$\begin{array}{r} 5\,2\,3\,6 \\ \underline{-2\,8\,\overset{g}{\dot{3}}\,8} \\ 8 \end{array}$$

- व्यवकलक के इकाई के अंक 3 व्यवकल्य के दहाई के अंक $\dot{3}$ = 4 से अधिक है।
- $\dot{3}$ के पूर्व अंक 8 का एकाधिक (.), $\dot{8}$
- $\dot{3}$ = 4 के परम मित्र 6 को व्यवकलक के दहाई के अंक 3 में जोड़ने पर परिणाम 9 ।
- इस 9 को दहाई के नीचे शेष के रूप में रखा।

$$\begin{array}{r} 5\,2\,3\,6 \\ \underline{-2\,\overset{g}{\dot{8}}\,\overset{g}{\dot{3}}\,8} \\ 9\,8 \end{array}$$

- व्यकलक का सैकड़ा का अंक 2 व्यवकल्य के सैकड़े के अंक $\dot{8}$ = 9 से अधिक है।
- $\dot{8}$ के पूर्व अंक $\dot{2}$ का एकाधिकेन = $\dot{2}$
- $\dot{8}$ =9 का परम मित्र = 1
- इस 1 को व्यवकलक के सैकड़ा के अंक 2 में जोड़ने पर परिणाम = 3
- इस 3 को सैकड़ा के नीचे शेष के रूप में रखा।

$$\begin{array}{r} 5236 \\ \overset{g}{2}\overset{g}{8}\overset{g}{3}8 \\ \hline 398 \end{array}$$

- व्यवकलक का 'हजार' का अंक 5 व्यवकल्य के 'हजार' के अंक 2 = 3 से अधिक है।
- 5 में से 3 घटाने पर शेष = 2
- इस 2 को हजार के नीचे रखा
- परिणाम निम्नानुसार प्राप्त हुआ

$$\begin{array}{r} 5236 \\ \overset{g}{2}\overset{g}{8}\overset{g}{3}8 \\ \hline 2398 \end{array}$$

(iv)

$$\begin{array}{r} 60825 \\ -\overset{g}{3}60\overset{g}{1}8 \\ \hline 24807 \end{array}$$

उपर्युक्त उदाहरण की व्याख्या नहीं की गयी है। पाठक स्वयं समझने का प्रयत्न करें।

**3.4 निखिलम् नवतः चरम दशतः** सूत्र के द्वारा व्यवकलन– **'निखिलम् नवतः चरम दशतः'** सूत्र का अर्थ है– संख्या के निखिल अंकों को नौ में से तथा चरम अंक को दस में से घटाने पर अर्थात् इकाई अंक (चरम) को दस में से घटाना है तथा अन्य सभी निखिलम् अंकों को नौ में से घटाना है।

इस सूत्र का उपयोग विशेष प्रकार के प्रश्नों को हल करने के लिए किया जाता है, अर्थात् जब हमें 10, 100, 1000, 10000, ..... आदि में से किसी संख्या को घटाना होता है, तब इस सूत्र का उपयोग होता है। जैसे–

**उदाहरण-3**

(i) 100 में से 37 घटाइए।

**हल–**

$$\begin{array}{r} 100 \\ -\ 37 \\ \hline \end{array}$$

- सूत्र के अनुसार इकाई के अंक को दस में से अर्थात् 10 में से 7 घटाने पर 3 शेष बचे।
- अन्य अंक 3 को 9 में से घटाने पर 6 शेष बचे। इस प्रकार उत्तर 63 हुआ, अर्थात् 100 – 37 = 63

(ii) 100 में से 81 घटाइए।

**हल–** 100 – 81

- इकाई के प्रथम अंक 1 को दस में से घटाने पर शेष = 9
- अन्य अंक 8 को 9 में से घटाने पर शेष = 1
  अर्थात् 100 – 81 = 19

(iii) 1000 में से 637 घटाइए।

**हल–** 1000 – 637

- इकाई के अंक 7 को दस में से घटाने पर शेष = 3
- अन्य अंक 3 एवं 6 को 9 से घटाने पर शेष क्रमश: 6 एवं 3; अत: परिणाम 1000 – 637 = 363

(iv) 10000 में से 8034 घटाना।

**हल–** सूत्र के अनुसार

10000 – 8034 = 1966

इकाई के अंक 4 को दस में से तथा शेष अंकों को 9 में से घटाने पर उपर्युक्त परिणाम प्राप्त हुआ।

इस सूत्र की सहायता से आप बड़े से बड़े प्रश्नों को मौखिक हल कर सकते हैं।

## प्रश्नावली-3

1. शून्यान्त विधि से हल करो।

(i) $\begin{array}{r} 80 \\ -30 \\ \hline \end{array}$ (ii) $\begin{array}{r} 480 \\ -300 \\ \hline \end{array}$ (iii) $\begin{array}{r} 510 \\ -\ \ 30 \\ \hline \end{array}$

(iv) $\begin{array}{r} 850 \\ -430 \\ \hline \end{array}$ (v) $\begin{array}{r} 1250 \\ -\ \ 600 \\ \hline \end{array}$ (vi) $\begin{array}{r} 3020 \\ -2010 \\ \hline \end{array}$

2. एकाधिकेन पूर्वेण सूत्र के द्वारा हल करो।

(i) $\begin{array}{r} 4857 \\ -1928 \\ \hline \end{array}$ (ii) $\begin{array}{r} 6305 \\ -5183 \\ \hline \end{array}$ (iii) $\begin{array}{r} 83752 \\ -28282 \\ \hline \end{array}$

(iv) $\begin{array}{r} 57603 \\ -42528 \\ \hline \end{array}$ (v) $\begin{array}{r} 87305 \\ -38643 \\ \hline \end{array}$ (vi) $\begin{array}{r} 43283 \\ -16125 \\ \hline \end{array}$

3. निखिलतम् नवतः चरम दशतः सूत्र के द्वारा निम्नलिखित संख्याओं को 100 में से घटाइए।

68, 34, 72, 47, 59

4. निखिलम् नवतः चरम दशतः सूत्र के द्वारा निम्नलिखित संख्याओं को 1000 में से घटाइए।

637, 772, 549, 348, 184

5. निखिलम् नवतः चरम दशतः सूत्र के द्वारा निम्नलिखित संख्याओं को 10000 में से घटाइए।

4832, 3914, 4742, 5206, 8111

## उत्तरमाला (Answers)

1. (i) 50 (ii) 180 (iii) 480 (iv) 420 (v) 650 (vi) 1010

2. (i) 2929 (ii) 1122 (iii) 55470
(iv) 15075 (v) 48662 (vi) 27158

3. 32, 66, 28, 53, 41

4. 363, 228, 451, 652, 816

5. 5168, 6086, 5258, 4794, 1889

❖❖❖

4

# गुणन
# Multiplication

**4.1 विषय-प्रवेश–** गणित की आधारभूत चार क्रियाओं में 'गुणन' एक महत्त्वपूर्ण क्रिया है। गुणन की वास्तविक अवधारणा जोड़ का संक्षिप्तीकरण है।

जैसे– 5 + 5 + 5 + 5 = 20

उपर्युक्त उदाहरण में 5 को 4 बार जोड़ने से फल 20 प्राप्त होता है। इसी तथ्य को गुणन की भाषा में इस प्रकार व्यक्त करते हैं। 5 × 4 = 20 अर्थात् 5 को चार बार जोड़ना, अर्थात् 5 को 4 से गुणा करना।

अब सामान्य प्रचलित गुणन विधि का एक उदाहरण देखिए–

385 गुण्य<br>
× 18 गुणक<br>
3080<br>
385×<br>
6930 गुणनफल

इस सामान्य गुणन पद्धति में छात्रों को कम से कम 20 तक पहाड़े याद करने पड़ते हैं। किन्तु वैदिक पद्धति में यदि विद्यार्थी को केवल 5 तक पहाड़े याद हैं, तो वह आगे के पहाड़े स्वयं बना सकता है और केवल 5 तक के पहाड़ों की सहायता से वह बड़ी से बड़ी गुणनक्रिया भी सरलतापूर्वक हल कर सकता है।

वैदिक विधि से गुणनक्रिया की यह विशेषता है, कि कोई भी विद्यार्थी विभिन्न वैदिक सूत्रों की सहायता से कठिन से कठिन गुणन क्रियाओं को सरलतापूर्वक हल कर सकता है। वैदिक गणित में 'गुणन' के लिए सामान्य सूत्र 'ऊर्ध्व-तिर्यक' है, जिसकी सहायता से सभी प्रकार की गुणनक्रियाओं को हल किया जा सकता है। कुछ विशेष प्रकार के सूत्र एवं उपसूत्र भी वैदिक गुणनपद्धति में हैं।

## 4.2 गुणन सम्बन्धी सूत्र एवं उपसूत्र–

1. **निखिलम् नवतः चरम दशतः** – जिसका अर्थ है- "सभी 9 में से तथा अंतिम दस में से" इस सूत्र की विस्तृत व्याख्या हम अगले पृष्ठों में करेंगे।

2. **अनुरूप्येण**– अनुरूप्येण का अर्थ है- 'आनुपातिक'। इस वैदिक उपसूत्र का प्रयोग तब किया जाता है, जब गुण्य, गुणक 10 की घात से बहुत दूर हो। इस उपसूत्र की भी विस्तृत व्याख्या हम अगले पृष्ठों में करेंगे।

3. **एक न्यून पूर्वेण**– एक न्यून पूर्वेण का अर्थ है 'पहले से एक कम'। इस सूत्र का उपयोग सीमित है। इस सूत्र का उपयोग तब किया जाता है, जब गुणक 9 अथवा एक से अधिक 9 के रूप में हो अर्थात् गुणक 9, 99, 999, 9999, ... आदि के रूप में हो। इस सूत्र की भी विस्तृत व्याख्या हम अगले पृष्ठों में करेंगे।

4. **ऊर्ध्व तिर्यक**- वैदिक पद्धति में गुणन के लिए यह एक सामान्य सूत्र है। शाब्दिक अर्थ है- 'खड़े (ऊर्ध्व-धर) तथा तिरछे (तिर्यक) से'। वैदिक गणित में यह एक महत्त्वपूर्ण एवं सशक्त सूत्र है। इसकी सहायता से गुणन के सभी प्रकार के प्रश्नों को हल किया जा सकता है।

आइए, वैदिक विधि से गुणनफल के लिए उपर्युक्त चारों सूत्रों की अब हम क्रमवार उदाहरण सहित व्याख्या करें–

**4.3 निखिलं नवतः चरम दशतः –** इस सूत्र का शाब्दिक अर्थ है– 'सभी 9 में से तथा अन्तिम 10 में से'।

इस सूत्र की क्रमवार (step by step) व्याख्या निम्नानुसार है–

- गुण्य एवं गुणक को ऊपर-नीचे लिखो।
- गणना के लिए आधार 10 की वह घात लो, जो गुण्य और गुणक के सबसे पास (नजदीक) हो।
- आधार से गुण्य और गुणक के अन्तर को धन (+) या ऋण (–) के रूप में लिखो।
- गुणनफल का बायाँ अंक तिरछे जोड़ने या घटाने से तथा दायाँ अंक दायीं ओर लिखे दोनों अंकों के गुणा करने से प्राप्त होगा।

विभिन्न परिस्थितियों में इस सूत्र के प्रयोग की व्याख्या उदाहरण सहित निम्नानुसार है–

## 4.4 गुण्य एवं गुणक आधार से कम–

**उदाहरण–**

7 को 8 से गुणा करना। यहाँ गुण्य 7 और गुणक 8 दोनों आधार 10 से कम है। दोनों अंकों 7 और 8 को आधार 10 में से घटाकर निम्नानुसार लिखा–

7     –3 (–3 का अर्थ है, 7 आधार 10 से 3 कम है।)<br>
×8     –2 (–2 का अर्थ है, 8 आधार 10 से 2 कम है।)

गुणनफल में दो हिस्से होंगे। एक बायाँ दूसरा दायाँ। गुणनफल का बायाँ हिस्सा प्राप्त करने के लिए तिरछा हल करें यथा–

8 − 3 = 5 अथवा 7 − 2 = 5

इस परिणाम को बायीं ओर रखिए–

$$\begin{array}{r} 7 \\ \times 8 \end{array}, \quad \begin{array}{cc} 7 & -3 \\ 8 & -2 \\ \hline 5 & \end{array}$$

गुणनफल का दायाँ हिस्सा प्राप्त करने के लिए दाहिनी ओर की दोनों न्यूनताओं (–3 एवं –2) को गुणा कीजिए (–3 × –2 = 6) इसे गुणनफल के दाहिनी ओर रखिए- यथा

$$\begin{array}{r} 7 \\ \times 8 \end{array}, \quad \begin{array}{cc} 7 & -3 \\ 8 & -2 \\ \hline 5 & 6 \end{array}$$

इस वैदिक सूत्र से गुणन के निम्नलिखित उदाहरण और देखिए–

**उदाहरण–1**

(i) $\begin{array}{r} 8 \\ \times 6 \end{array}, \quad \begin{array}{cc} 8 & -2 \\ \times 6 & -4 \\ \hline 4 & 8 \end{array}$

(ii) $\begin{array}{r} 9 \\ \times 8 \end{array}, \quad \begin{array}{cc} 9 & -1 \\ \times 8 & -2 \\ \hline 7 & 2 \end{array}$

(iii) $\begin{array}{r} 9 \\ \times 6 \end{array}, \quad \begin{array}{cc} 9 & -1 \\ \times 6 & -4 \\ \hline 5 & 4 \end{array}$

(iv) $\begin{array}{r} 9 \\ \times 7 \end{array}, \quad \begin{array}{cc} 9 & -1 \\ \times 7 & -3 \\ \hline 6 & 3 \end{array}$

**टिप्पणी–** यदि दायाँ भाग दो अंकों का हो, तो हमें निम्नानुसार गुणनफल प्राप्त होगा–

$$\begin{array}{r} 6 \\ \times 7 \end{array}, \quad \begin{array}{cc} 6 & -4 \\ \times 7 & -3 \\ \hline 3 & 12 \end{array}$$

बायीं भाग 6 – 3 = 3 या 7 – 4 = 3

दायीं भाग = –4 × –3 = 12 दो अंक

यहाँ आधार 10 है, अत: गुणनफल में दाहिनी ओर केवल एक अंक 2 होगा। 12 के 1 को हम बायें भाग 3 में जोड़ेंगे। इस प्रकार गुणनफल 42 होगा।

$$\begin{array}{rc} & 6-4 \\ & 7-3 \\ \hline (3+1) & 4\ \ 2 \end{array}$$

**उदाहरण–2**

इसी क्रम में निम्नलिखित उदाहरण देखिए–

(i)
$$\begin{array}{r} 8 \\ \times 3 \end{array}, \quad \begin{array}{rr} 8 & -2 \\ \times 3 & -7 \\ \hline 1/ & 14 \end{array}$$
$= 1 + 1 \ / \ 4$

$= 24$

(ii)
$$\begin{array}{r} 7 \\ \times 5 \end{array}, \quad \begin{array}{rr} 7 & -3 \\ \times 5 & -5 \\ \hline 2/ & 15 \end{array}$$
$= 2 + 1 \ / \ 5$

$= 35$

(iii)
$$\begin{array}{r} 6 \\ \times 5 \end{array}, \quad \begin{array}{rr} 6 & -4 \\ \times 5 & -5 \\ \hline 1/ & 20 \end{array}$$
$= 1 + 2 \ / \ 0$

$= 30$

(iv)
$$\begin{array}{r} 8 \\ \times 4 \end{array}, \quad \begin{array}{rr} 8 & -2 \\ \times 4 & -6 \\ \hline 2/ & 12 \end{array}$$
$= 2 + 1 \ / \ 2$

$= 32$

**4.5 गुण्य एवं गुणक आधार से अधिक**- यदि गुण्य और गुणक आधार से अधिक है, तो हम इस सूत्र की सहायता से गुणन के प्रश्न निम्नानुसार हल करेंगे–

$$\begin{array}{r} 12 \\ \times 13 \end{array}, \quad \begin{array}{l} 12 + 2 \\ 13 + 3 \end{array}$$

(+2 का अर्थ है, 12 आधार 10 से 2 अधिक है।)

(+3 का अर्थ है, 13 आधार 10 से 3 अधिक है।)

पूर्व की भाँति बायाँ भाग 13 + 2 = 15 या 12 + 3 = 15 होगा तथा दायाँ भाग 2 × 3 = 6 होगा अर्थात्

$$\begin{array}{rr} 12 & + 2 \\ \times 13 & + 3 \\ \hline 15 & 6 \end{array}$$

**उदाहरण–3**

इसी क्रम में निम्नलिखित उदाहरण देखें–

(i)
$$\begin{array}{r} 11 \\ \times 18 \end{array}, \quad \begin{array}{rr} 11 & +1 \\ \times 18 & +8 \\ \hline 19 & 8 \end{array}$$

(ii)
$$\begin{array}{r} 13 \\ \times 12 \end{array}, \quad \begin{array}{rr} 13 & +3 \\ \times 12 & +2 \\ \hline 15 & 6 \end{array}$$

(iii) 16 , ×14

$$\begin{array}{rr} 16 & +6 \\ \times 14 & +4 \\ \hline 20\,/ & 24 \end{array}$$

= 20 + 2 / 4
= 224

(iv) 17 , ×15

$$\begin{array}{rr} 17 & +7 \\ \times 15 & +5 \\ \hline 22\,/ & 35 \end{array}$$

= 22 + 3 / 5
= 255

## 4.6 गुण्य एवं गुणक में कोई एक आधार से कम तथा दूसरा आधार से अधिक-

उदाहरण-

12 × 9 ,

$$\begin{array}{rr} 12 & +2 \\ \times 9 & -1 \\ \hline 11/ & -2 \end{array}$$

(बायाँ भाग 12 – 1 = 11 या 9 + 2 = 11)
(दायाँ भाग 2 × –1 = –2)

यहाँ दायीं ओर –2 है। इसे धन में बदलने के लिए बायीं ओर से एक दहाई लेकर उसे इकाई में बदलने पर, 1 दहाई = 10 इकाई तथा 10 – 2 = 8 अर्थात् दहाई की ओर का अंक –2 के स्थान पर 8 होगा तथा बायीं ओर 11 के स्थान पर 10 रह जायेंगे अर्थात् गुणनफल 108 निम्नानुसार होगा।

$$\begin{array}{r} 12 + 2 \\ 9 - 1 \\ \hline 11/-2 \end{array}$$

= 10 / (10 – 2)
= 108

**उदाहरण-4**

इसी क्रम में निम्नलिखित उदाहरण देखिए–

(i) 14 ×8,

**हल-**

$$\begin{array}{rr} 14 & +4 \\ \times 8 & -2 \\ \hline 12\,/ & -8 \end{array}$$

= 11 / 2
= 112

(ii) 13 ×7,

**हल-**

$$\begin{array}{rr} 13 & +3 \\ \times 7 & -3 \\ \hline 10\,/ & -9 \end{array}$$

= (10–1) / (10 – 9)
= 91

(iii) $\begin{array}{r}14\\ \times 6\end{array}$,

**हल-** $\begin{array}{rr}14 & +4\\ \times 6 & -4\\ \hline 10\,/ & -16\end{array}$

यहाँ दहाई 0 है, अतः सैकड़ा 1 में से 16 इकाई घटाना होगा, 1 सैकड़ा = 100 इकाई 100 - 16 = 84 अर्थात् 4 इकाई और 8 दहाई, अतः गुणनफल 84 होगा।

(iv) $\begin{array}{r}16\\ \times 8\end{array}$,

**हल-** $\begin{array}{rr}16 & +6\\ \times 8 & -2\\ \hline 14\,/ & -12\end{array}$

(2 दहाई में से 12 घटाने पर 20 - 12 = 8)

= (14 – 2) / 20 – 12

= 12 / 8

= 128

$\begin{array}{r}18\\ \times\ 9\end{array}$, $\begin{array}{rr}18 & +8\\ \times 9 & -1\\ \hline 17\,/ & -8\end{array}$

= 16 2

उपर्युक्त सभी प्रश्न आधार 10 मानकर हल किये गये हैं, क्योंकि गुण्य एवं गुणक दोनों ही 10 के आस-पास थे। अब ऐसे प्रश्नों के हल देखिए, जहाँ गुण्य एवं गुणक 100 के आस-पास हों–

**उदाहरण-5**

**आधार 100 पर कुछ उदाहरण**

(i) $\begin{array}{r}98\\ \times 99\end{array}$,

**हल-** $\begin{array}{l}98-2\\ 99-1\\ \hline 97\,/\,02\end{array}$

= 9702

(बायाँ भाग 98 – 1 = 97 या 99 – 2 = 97 )

(दायाँ भाग = –2 × –1 = 2)

> **टिप्पणी-** आधार 100 होने पर दाहिनी ओर 2 अंक होंगे, इसलिए 2 को 02 लिखना होगा।

(ii) 97 ,
×98

हल- 97 – 3
98 – 2
95 / 06

= 9506

(iii) 99 ,
×94

हल- 99 – 1
94 – 6
93 / 06

= 9306

(iv) 96 ,
×84

हल- 96 – 4
84 – 16
80 / 64

= 8064

(v) 97 ,
×96

हल- 97 – 3
96 – 4
93 / 12

= 9312

(vi) 98 ,
×95

हल- 98 – 2
95 – 5
93 / 10

= 9310

**उदाहरण-6**

(i) 113 ,
×105

हल- 113 + 13
105 + 05
118 / 65

= 11865

| 113 + 05 = 118 |
|---|
| 105 + 13 = 118 |
| 13 × 05 = 65 |

(ii) 122 ,
×104

हल- 122 + 22
104 + 04
126 / 88

= 12688

(iii) 118 ,
×111

हल- 118 + 18
111 + 11
129 / 198

= (129 + 1) / 98

= 13098

(iv) 117 ,
×115

हल- 117 + 17
115 + 15
132 / 255

= (132 + 2) / 55

= 13455

(v) 112 ,
×110

हल- 112 + 12
110 + 10
122 / 120

= 12320

**उदाहरण-7**

(i) 114
× 98 ,

हल- 114 + 14
98 − 2
112 / −28

= (112 − 01) (100 − 28)

= 11172

**टिप्पणी-** दाहिनी ओर −28 के स्थान पर धन संख्या लाने के लिए 112 के 2 में से 1 सैकड़ा लेंगे। उस 1 सैकड़ा = 100 इकाई में से 28 घटाने पर 72 प्राप्त हुए।

(ii) 116 ,
× 97

**हल-** 116 + 16
97 − 3
113 / −48

= (113−1) / (100−48)
= 11252

(iii) 108 ,
× 98

**हल-** 108 + 8
98 − 2
106 / −16

= 10584

(iv) 112 ,
× 96

**हल-** 112 + 12
96 − 4
108 / −48

= 10752

(v) 115 ,
× 89

**हल-** 115 + 15
89 − 11
104 / −165

= 10235

(vi) 115 ,
× 95

**हल-** 115 + 15
95 − 5
110 / −75

= 10925

**उदाहरण-8**

**आधार 1000 पर कुछ उदाहरण-**

(i) 999 ,
× 995

**हल-** 999 − 1
995 − 5
994 / 005

= 994005

आधार 1000 होने के कारण दाहिनी ओर तीन अंक होंगे।

(ii) 992 ,
×993

हल- 992 – 8
993 – 7
985 / 056

= 985056

(iii) 984 ,
×993

हल- 984 – 16
993 – 7
977 / 112

= 977112

(iv) 980 ,
×990

हल- 980 – 20
990 – 10
970 / 200

= 970200

(v) 986 ,
×970

हल- 986 – 14
970 – 30
956 / 420

= 956420

**उदाहरण-9**

(i) 1 0 0 3 ,
×1 0 0 2

हल- 1003 + 003
1002 + 002
1005 / 006

= 1005006

(ii) 1 0 1 4 ,
1 0 0 5

हल- 1014 + 14
1005 + 5
1019 / 070

= 1019070

(iii) 1022 ,
×1010

हल- 1022 + 22
1010 + 10
1032 / 220

= 1032220

(iv) 1154 ,
1020

हल- 1154 + 154
1020 + 020
1174 / 3080

= (1174 + 3 / 080)
= 1177080

(v) 1288 ,
1010

हल- 1288 + 288
1010 + 010
1298 / 2880

= (1298 + 2) / 880
= 1300880

**उदाहरण-10**

(i) 1006 ,
× 992

हल- 1006 + 6
992 − 8
998 / 048

= (998 − 1) / (1000 − 048)
= 997952 (1000 में से 48 घटाने पर)

(ii) 1115 ,
× 997

हल- 1115 + 115
997 − 003
1112 / −345

= (1112 − 1) / (1000 − 345)
= 1111655

(iii) 1003 ,
× 999

हल- 1003 + 003
999 − 001
1002 / −003

= (1002 − 1) / (1000 − 003)
= 1001997

(iv) 1215 ,
× 998

**हल-**

$$\begin{array}{l} 1215 + 215 \\ \underline{998 - 002} \\ 1213 / -430 \end{array}$$

$= (1213 - 1) / (1000 - 430)$

$= 1212570$

(v) 1064 ,
× 995

**हल-**

$$\begin{array}{l} 1064 + 64 \\ \underline{995 - 5} \\ 1059 / -320 \end{array}$$

$= 1058680$

## प्रश्नावली-4 (A)

वैदिक विधि से हल करो–

1. 7 × 9
2. 11 × 13
3. 98 × 94
4. 97 × 96
5. 102 × 104
6. 107 × 113
7. 106 × 115
8. 105 × 96
9. 111 × 91
10. 114 × 97
11. 107 × 92
12. 998 × 996
13. 993 × 994
14. 998 × 986
15. 994 × 991
16. 1005 × 1007
17. 1015 × 1011
18. 1014 × 1012
19. 1022 × 1015
20. 1007 × 997
21. 1015 × 994
22. 1005 × 996
23. 1012 × 992
24. 1320 × 999
25. 1265 × 1010

## उत्तरमाला

| | | |
|---|---|---|
| 1. 63 | 2. 143 | 3. 9212 |
| 4. 9312 | 5. 10608 | 6. 12091 |
| 7. 12190 | 8. 10080 | 9. 10101 |
| 10. 11058 | 11. 9844 | 12. 994008 |
| 13. 987042 | 14. 974188 | 15. 985054 |
| 16. 1012035 | 17. 1026165 | 18. 1026168 |
| 19. 1037330 | 20. 1003979 | 21. 1008910 |
| 22. 1000980 | 23. 1003904 | 24. 1318680 |
| 25. 1277650 | | |

**4.7 अनुरूप्येण–** अभी तक जो उदाहरण गुणन के हमने लिये, उन सभी उदाहरणों में गुण्य तथा गुणक दोनों ही अथवा इनमें से कम से कम एक आधार अंक 10, 100, 1000, ..... के बहुत पास था। इससे गुणक अंक (ऊर्ध्व) बहुत छोटा हो जाता था और इसीलिए गुणन में सरलता हो जाती थी। किन्तु यदि गुण्य तथा गुणक दोनों ही आधार अंक 10 या 10 की किसी घात के पास नहीं हैं, तो हमें उपसूत्र **अनुरूप्येण** का प्रयोग करना होगा। अनुरूप्येण का शाब्दिक अर्थ है– 'आनुपातिक'।

इस प्रकार की गुणनक्रिया में हम दो प्रकार के आधार चुनते हैं, एक सैद्धान्तिक आधार, दूसरा क्रियात्मक आधार। इसकी कार्यविधि को हम निम्नलिखित उदाहरण द्वारा भली-भाँति समझ सकते हैं–

**उदाहरण–**

मान लीजिए हमें 46 और 44 का गुणा करना हैं। ये दोनों संख्याएँ आधार अंक 100 से इतनी दूर हैं कि इसे आधार मानने पर पूरक संख्याएँ

54 तथा 56 आयेंगी, जिनका ऊर्ध्व गुणा (वैदिक गुणन पद्धति के विपरीत) एक कठिन गुणा होगा।

इसलिए इस उदाहरण में 100 को सैद्धान्तिक आधार मानते हुए दोनों संख्याओं 46 और 44 के पास 50 (जो कि सैद्धान्तिक आधार का 1/2 है) को क्रियात्मक आधार मानकर गुणा की क्रिया-विधि निम्नानुसार होगी-

$$\begin{array}{r} 46 \\ \times 44 \end{array} \qquad \begin{array}{r} 46 - 4 \\ \underline{44 - 6} \end{array}$$

$$1/2\,(40)\ /\ 24 = 2024$$

गुणनफल का दायाँ भाग 'निखिलम्' सूत्र की तरह ही ($-4 \times -6 = 24$) रहता है,

अनुरूप्येण सूत्र से

किन्तु बायाँ भाग-आधा (1/2) हो जाता है, क्योंकि हमारा क्रियात्मक आधार 50 सैद्धान्तिक आधार 100 का आधा था।

एक अन्य उदाहरण-

$$\begin{array}{r} 47 \\ \times 42, \end{array} \qquad \begin{array}{r} 47 - 3 \\ \underline{42 - 8} \end{array}$$

$$1/2\,(39)\ /\ 24 = 19\frac{1}{2}\ /\ 24 = 1974$$

दाहिना भाग निखिलम् सूत्र की तरह $-3 \times -8 = 24$ होगा। बायाँ भाग आनुरूप्येण सूत्र से $\frac{1}{2}(39)$ अर्थात् $\frac{39}{2} = 19\frac{1}{2}$ होगा। इसका अर्थ है बायीं ओर 19 आयेंगे और दाहिनी ओर सैद्धान्तिक आधार का $\frac{1}{2}$ अर्थात् 100 का $\frac{1}{2} = 50$ जुड़ जायेगा। इस प्रकार दाहिनी ओर $24 + 50 = 74$ होंगे तथा गुणनफल 1974 होगा।

उपर्युक्त क्रियाविधि थोड़ी कठिन है, इसलिए हम 100 के स्थान पर 10 को सैद्धान्तिक आधार तथा 50 को क्रियात्मक आधार मानकर इस प्रश्न को आसानी से हल कर सकते हैं यथा–

```
  4 7          4 7 – 3
× 4 2,         4 2 – 8
              ---------
            5 × (39) / 24 = 195 / 24
              = (195 + 2) / 4
              = 1974
```

यहाँ क्रियात्मक आधार 50 सैद्धान्तिक आधार 10 का 5 गुना है, अतः आनुरूप्येण सूत्र से बायीं ओर 5 का गुणा किया गया है। पुनः चूँकि सैद्धान्तिक आधार 10 है, अतः दायीं ओर केवल एक अंक 4 आयेगा और 2 बायीं ओर जुड़ जायेगा।

इसी सिद्धान्त के अनुसार इसकी एक क्रियाविधि यह भी हो सकती है कि एक सैद्धान्तिक आधार 10 तथा क्रियात्मक आधार 40 मानें, तो प्रश्न का हल निम्नानुसार होगा–

```
  4 7          4 7 + 7
× 4 2,         4 2 + 2
              ---------
            4 × (49) / 14 = 196 / 14 = 1974
```

यहाँ क्रियात्मक आधार 40 है, जो सैद्धान्तिक आधार 10 का 4 गुना है। इसलिए हम बायीं ओर 4 का गुणा करेंगे, शेष प्रक्रिया पूर्ववत रहेगी।

निम्नलिखित उदाहरणों से यह उपसूत्र और अधिक स्पष्ट होगा–

### क्रियात्मक आधार 70, सैद्धान्तिक 10

**उदाहरण–1**

```
  6 8          6 8 – 2
× 6 7,         6 7 – 3
              ---------
            7 × (65) / 6 = 4556
```

**उदाहरण–2**

```
  7 2          7 2 + 2
× 7 1,         7 1 + 1
              ---------
            7 × (73) / 2 = 5112
```

## क्रियात्मक आधार 200, सैद्धान्तिक आधार 100

**उदाहरण-3**

$$\begin{array}{ll} \phantom{\times}198 & 198 - \phantom{4}2 \\ \times 156, & \underline{156 - 44} \end{array}$$

$$2 \times (154) \ / \ 88 = 30888$$

यहाँ क्रियात्मक आधार 200, सैद्धान्तिक आधार 100 का दो गुना है। अतः बायीं ओर 2 का गुणा करेंगे तथा दाहिनी ओर दो अंक होंगे, क्योंकि सैद्धान्तिक आधार 100 है।

## क्रियात्मक आधार 800 तथा सैद्धान्तिक आधार 100

**उदाहरण-4**

$$\begin{array}{ll} \phantom{\times}796 & 796 - \phantom{2}4 \\ \times 775, & \underline{775 - 25} \end{array}$$

$$8 \times (771) \ / \ 100 = 6168 / 100 = 616900$$

यहाँ क्रियात्मक आधार सैद्धान्तिक आधार का 8 गुना है, अतः बायीं ओर 8 का गुणा होगा तथा दायीं ओर केवल 2 अंक होंगे। दाहिनी ओर 100 का 1 बायीं ओर जुड़ जायेगा। इस प्रकार गुणनफल 616900 होगा।

## क्रियात्मक आधार 50, सैद्धान्तिक आधार 10

**उदाहरण-5**

$$\begin{array}{ll} \phantom{\times}52 & 52 + 2 \\ \times 48, & \underline{48 - 2} \end{array}$$

$$5 \times (50) \ / -4$$
$$= 250 / 4$$
$$= (250 - 1) / (10 - 4)$$
$$= 2496$$

## क्रियात्मक आधार 80, सैद्धान्तिक आधार 10

**उदाहरण-6**

$$\begin{array}{ll} \phantom{\times}82 & 82 + 2 \\ \times 77, & \underline{77 - 3} \end{array}$$

$$8 \times (79) \ / -6$$
$$= (632 - 1) / (10 - 6)$$
$$= 6314$$

### क्रियात्मक आधार 200, सैद्धान्तिक आधार 100

**उदाहरण-7**

$$\begin{array}{r} 213 \\ \times 198, \end{array} \qquad \begin{array}{r} 213+13 \\ \underline{198-\ \ 2} \end{array}$$

$$2 \times (211)\ /-26$$
$$= 422\ /-26 = 42174$$
$$= (422-1)\ /\ (100-26)$$
$$= 42174$$

### क्रियात्मक आधार 5000, सैद्धान्तिक आधार 1000

**उदाहरण-8**

$$\begin{array}{r} 5013 \\ \times 4998, \end{array} \qquad \begin{array}{r} 5013+13 \\ \underline{4998-\ \ 2} \end{array}$$

$$5 \times (5011)\ /-26 = 25055\ /-26 = 25054974$$

यहाँ सैद्धान्तिक आधार 1000 है। अत: दाहिनी ओर –26 को 1000 में से घटाने पर 974 तीन अंक (चूँकि आधार 1000 है) दाहिनी ओर लिखे जायेंगे तथा बायीं ओर 25055 में से 1 कम होकर बायीं ओर 25054 लिखे जायेंगे। इस प्रकार गुणनफल 25054974 होगा।

### क्रियात्मक आधार 6000, सैद्धान्तिक आधार 1000

**उदाहरण-9**

$$\begin{array}{r} 6002 \\ \times 5996, \end{array} \qquad \begin{array}{r} 6002\ +\ \ 2 \\ \underline{5996\ -\ \ 4} \\ 6 \times (5998)\ /\ -008 \end{array}$$

$$= 35988\ /-008$$
$$= 35987992$$

### क्रियात्मक आधार 9000, सैद्धान्तिक आधार 1000

**उदाहरण-10**

$$\begin{array}{r} 9004 \\ \times 8900, \end{array} \qquad \begin{array}{r} 9004\ +\ 004 \\ \underline{8900\ -\ 100} \\ 9 \times (8904)\ /\ -400 \end{array}$$

$$= 80136\ /-400$$
$$= 80135600$$

## प्रश्नावली-4 (B)

वैदिक विधि से हल करो-

| | | |
|---|---|---|
| 1. $49 \times 48$ | 2. $42 \times 41$ | 3. $49 \times 51$ |
| 4. $69 \times 66$ | 5. $71 \times 73$ | 6. $51 \times 53$ |
| 7. $81 \times 79$ | 8. $79 \times 78$ | 9. $81 \times 83$ |
| 10. $48 \times 41$ | 11. $154 \times 97$ | 12. $396 \times 413$ |
| 13. $511 \times 507$ | 14. $596 \times 612$ | 15. $713 \times 701$ |
| 16. $811 \times 802$ | 17. $4011 \times 3997$ | 18. $5012 \times 5007$ |
| 19. $6996 \times 6997$ | 20. $2004 \times 1997$ | 21. $8996 \times 8997$ |
| 22. $9995 \times 9994$ | 23. $3996 \times 3998$ | 24. $4996 \times 5004$ |

---

## उत्तरमाला

| | | |
|---|---|---|
| 1. 2352 | 2. 1722 | 3. 2499 |
| 4. 4554 | 5. 5183 | 6. 2703 |
| 7. 6399 | 8. 6162 | 9. 6723 |
| 10. 1968 | 11. 14938 | 12. 163548 |
| 13. 259077 | 14. 364752 | 15. 499813 |
| 16. 650422 | 17. 16031967 | 18. 25095084 |
| 19. 62943012 | 20. 4001988 | 21. 80937012 |
| 22. 99890030 | 23. 15976008 | 24. 24999984 |

❖❖❖

**4.8 एकन्यून पूर्वेण–** यह सूत्र वैदिक गणित का बहुत ही महत्त्वपूर्ण एवं रुचिकर सूत्र है। यह उन संख्याओं के गुणन में प्रयुक्त होता है, जिन के गुणक में सभी अंक 9 होते हैं। इसके तीन प्रतिरूप हैं।

**(अ) प्रतिरूप प्रथम**- जब गुण्य और गुणक में समान अंक हों।

(i) गुण्य और गुणक दोनों में एक-एक अंक

| | गुण्य | | गुणक | | बायाँ भाग | | दायाँ भाग | गुणनफल |
|---|---|---|---|---|---|---|---|---|
| (i) | 2 | × | 9 | = | (2–1) | / | 9 – (2–1) | = 1/8 = 18 |
| (ii) | 3 | × | 9 | = | (3–1) | / | 9 – (3–1) | = 2/7 = 27 |
| (iii) | 4 | × | 9 | = | (4–1) | / | 9 – (4–1) | = 3/6 = 36 |
| (iv) | 5 | × | 9 | = | (5–1) | / | 9 – (5–1) | = 4/5 = 45 |
| (v) | 6 | × | 9 | = | (6–1) | / | 9 – (6–1) | = 5/4 = 54 |
| (vi) | 7 | × | 9 | = | (7–1) | / | 9 – (7–1) | = 6/3 = 63 |
| (vii) | 8 | × | 9 | = | (8–1) | / | 9 – (8–1) | = 7/2 = 72 |
| (viii) | 9 | × | 9 | = | (9–1) | / | 9 – (9–1) | = 8/1 = 81 |

(तालिका का ऊपरी शीर्षक: **गुणनफल**)

उपर्युक्त उदाहरणों में हम देखते हैं कि गुणनफल का बायाँ हिस्सा गुण्य से 1 अंक कम रहता है और दाहिना हिस्सा वह है, जो गुणक में से गुणनफल का बायाँ हिस्सा घटाने पर शेष बचता है, अर्थात् उदाहरण (i) में

गुणनफल का बायाँ भाग = गुण्य 2 से 1 कम अर्थात् (2–1) = 1

गुणनफल का दायाँ भाग = गुणनफल के बायें भाग 1 को गुणक 9 में से घटाने पर 9 – 1 = 8 । इस प्रकार गुणनफल 2 × 9 = 18

(ii) जब गुण्य और गुणक दोनों में दो-दो अंक - इस प्रकार के प्रश्नों में भी उपर्युक्त विधि ही लागू होगी।

गुणनफल का बायाँ भाग = (गुण्य – 1)

गुणनफल का दायाँ भाग = गुणक - गुणनफल का बायाँ भाग

| | गुण्य | | गुणक | | बायाँ भाग | | दायाँ भाग | गुणनफल |
|---|---|---|---|---|---|---|---|---|
| (i) | 11 | × | 99 | = | (11–1) | / | (99–10) | = 1089 |
| (ii) | 23 | × | 99 | = | (23–1) | / | (99–22) | = 2277 |
| (iii) | 34 | × | 99 | = | (34–1) | / | (99–33) | = 3366 |
| (iv) | 46 | × | 99 | = | (46–1) | / | (99–45) | = 4554 |
| (v) | 53 | × | 99 | = | (53–1) | / | (99–52) | = 5247 |
| (vi) | 62 | × | 99 | = | (62–1) | / | (99–61) | = 6138 |
| (vii) | 76 | × | 99 | = | (76–1) | / | (99–75) | = 7524 |
| (viii) | 83 | × | 99 | = | (83–1) | / | (99–82) | = 8217 |
| (ix) | 95 | × | 99 | = | (95–1) | / | (99–94) | = 9405 |

(iii) जब गुण्य और गुणक में दोनों में तीन-तीन अंक–

| | गुण्य | | गुणक | | बायाँ भाग | | दायाँ भाग | गुणनफल |
|---|---|---|---|---|---|---|---|---|
| (i) | 115 | × | 999 | = | (115–1) | / | (999–114) | = 114885 |
| (ii) | 227 | × | 999 | = | (227–1) | / | (999–226) | = 226773 |
| (iii) | 356 | × | 999 | = | (356–1) | / | (999–355) | = 355644 |
| (iv) | 412 | × | 999 | = | (412–1) | / | (999–411) | = 411588 |
| (v) | 539 | × | 999 | = | (539–1) | / | (999–538) | = 538461 |
| (vi) | 650 | × | 999 | = | (650–1) | / | (999–649) | = 649350 |
| (vii) | 743 | × | 999 | = | (743–1) | / | (999–742) | = 742257 |
| (viii) | 868 | × | 999 | = | (868–1) | / | (999–867) | = 867132 |
| (ix) | 985 | × | 999 | = | (985–1) | / | (999–984) | = 984015 |

**( ब ) प्रतिरूप द्वितीय-**

जब गुण्य में गुणक से कम अंक हों–

इस प्रतिरूप की क्रियाविधि प्रतिरूप प्रथम की ही भाँति होगी। हल करने के पूर्व गुण्य के पहले शून्य लगाकर गुण्य और गुणक में समान अंक करेंगे–

यथा $3 \times 99$

$= 03 \times 99 = (03 - 1)/(99 - 02) = 0297$

गुणन के पश्चात् बायीं ओर का शून्य हटा देंगे। इस प्रतिरूप के कुछ और उदाहरण देखिए–

(i) $54 \times 999 = 054 \times 999 = (054 - 1) / (999 - 053)$

$= 053946 = 53946$

(ii) $8 \times 99 = 08 \times 99 = (08 - 1) / (99 - 07)$

$= 0792 = 792$

(iii) $8 \times 999 = 008 \times 999 = (008 - 1) / (999 - 007)$

$= 007992 = 7992$

(iv) $78 \times 9999 = 0078 \times 9999 = (0078-1) / (9999-0077)$

$= 00779922 = 779922$

(v) $213 \times 9999$

$= 0213 \times 9999 = (0213 - 1) / (9999 - 0212)$

$= 02129787 = 2129787$

(vi) $3125 \times 99999 = 03125 \times 99999$

$= (03125 - 1) / = (99999 - 03124)$

$= 0312496875 = 312496875$

(vii) $720 \times 9999 = 0720 \times 9999$

$= (0720 - 1) / (9999 - 0719)$

$= 07199280 = 7199280$

(viii) 70 × 999 = 070 × 999

= (070 – 1) / (999 – 069)

= 069930 = 69930

**( स ) प्रतिरूप तृतीय-**

जब गुण्य में गुणक से अधिक अंक हो–

यह प्रतिरूप पिछले दो प्रतिरूपों से भिन्न है। इस प्रतिरूप की क्रियाविधि में हम गुण्य से आगे उतने शून्य लगा देते हैं, जितने '9' हमारे गुणक में हैं। इसके पश्चात् इस परिवर्तित गुण्य में से हम मूल गुण्य को घटा देते हैं। इस प्रकार घटाने पर जो शेष प्राप्त होता है, वह मूल गुण्य और गुणक का गुणनफल होता है यथा–

**उदहारण-4**

(i) 32 × 9 = 320 – 32 = 288

(ii) 58 × 9 = 580 – 58 = 522

(iii) 322 × 99 = 32200 – 322 = 31878

(iv) 458 × 99 = 45800 – 458 = 45342

(v) 3224 × 9 = 32240 – 3224 = 29016

(vi) 3117 × 99 = 311700 – 3117 = 308583

(vii) 405 × 99 = 40500 – 405 = 40095

# प्रश्नावली-4 (C)

**वैदिक विधि से हल कीजिए।**

| | | |
|---|---|---|
| 1. 35 × 99 | 2. 42 × 99 | 3. 75 × 99 |
| 4. 66 × 99 | 5. 218 × 999 | 6. 637 × 999 |
| 7. 785 × 999 | 8. 542 × 999 | 9. 4 × 99 |
| 10. 8 × 99 | 11. 65 × 999 | 12. 72 × 999 |
| 13. 42 × 9999 | 14. 316 × 9999 | 15. 826 × 9999 |
| 16. 158 × 9999 | 17. 582 × 99999 | 18. 3250 × 99999 |
| 19. 415 × 99 | 20. 619 × 99 | 21. 568 × 99 |
| 22. 3256 × 999 | 23. 4685 × 99 | 24. 5732 × 999 |

---

## उत्तरमाला

| | | |
|---|---|---|
| 1. 3465 | 2. 4158 | 3. 7425 |
| 4. 6534 | 5. 217782 | 6. 636363 |
| 7. 784215 | 8. 541458 | 9. 396 |
| 10. 792 | 11. 64935 | 12. 71928 |
| 13. 419958 | 14. 3159684 | 15. 8259174 |
| 16. 1579842 | 17. 58199418 | 18. 324996750 |
| 19. 41085 | 20. 61281 | 21. 56232 |
| 22. 3252744 | 23. 463815 | 24. 5726268 |

❖❖❖

4.11 **ऊर्ध्व-तिर्यक**- हमने तीन सूत्रों **निखिलम् नवत चरम् दशतः**, '**अनुरूप्येण**' तथा '**एक न्यूनपूर्वेण**' के द्वारा कुछ विशेष प्रकार के गुणन के प्रश्नों को हल किया। अब हम 'ऊर्ध्व-तिर्यक' सूत्र की विवेचना करेंगे। इस सूत्र की सहायता से गुणन का कोई भी प्रश्न हल किया जा सकता है। यह सूत्र गुणन के सभी प्रकार के प्रश्नों के लिए एक व्यापक सूत्र है। इस सूत्र का शाब्दिक अर्थ है– ऊर्ध्व (खड़े) तथा तिर्यक (तिरछा)। निम्नलिखित उदाहरण द्वारा इसकी क्रियाविधि स्पष्ट होगी। मान लीजिए हमें 23 और 12 का गुणा करना है। इसकी चरणबद्ध (step-wise) व्याख्या निम्नानुसार है–

1. गुण्य और गुणक को ऊपर-नीचे रखिए।
2. गुण्य के सबसे बायें अंक 2 का गुणक के सबसे बायें अंक 1 में गुणा करो (ऊर्ध्व)। इससे हमें गुणनफल की सबसे बायीं ओर की संख्या प्राप्त होगी।
3. 2 और 2 का तिरछा (तिर्यक) गुणा तथा 3 और 1 का तिरछा गुणा कर आपस में जोड़िए। इस प्रकार हमें गुणनफल के बीच की संख्या प्राप्त होगी।
4. गुण्य के दायें अंक 3 का गुणक के दायें अंक 2 में गुणा करें। गुणा करने पर हमें गुणनफल की अन्तिम संख्या प्राप्त होगी (सबसे दायीं ओर की) यथा–

**उदाहरण-1**

(i)
$$\begin{array}{r} 2\,3 \\ \times 1\,2 \\ \hline \end{array}$$

**हल**– 2 / 2 × 2 + 3 × 1 / 3 × 2

= 2 / 7 / 6

= 276

(ii) $\begin{array}{r} 32 \\ \times 14 \\ \hline \end{array}$

**हल–** $3 \times 1 \ / \ 3 \times 4 + 2 \times 1 \ / \ 2 \times 4$

$= 3 \ / \ 14 \ / \ 8 = 448$

{बीच की संख्या 14 के 1 को हम 3 में (बायीं ओर) जोड़ेंगे, इस प्रकार गुणनफल 448 प्राप्त होगा}

प्रारम्भ में यह सूत्र आपको कठिन प्रतीत हो रहा होगा तथा क्रिया विधि लम्बी प्रतीत हो रही होगी। किन्तु जैसे-जैसे आप इस सूत्र का अभ्यास कर लेंगे, बड़े से बड़े गुणन के प्रश्नों को सहजता एवं सरलता के साथ एक ही पंक्ति में और कम समय में हल कर सकेंगे।

जैस $\begin{array}{r} 32 \\ \times 04 \\ \hline 3\times0/3\times4+2\times0/2\times4 \end{array}$

$= 0 \ / \ 12 \ / \ 8$

$= 128$

(iii) $\begin{array}{r} 5\ 8 \\ \times\ 6\ 4 \\ \hline 5\times6 / 5\times4+8\times6/8\times4 \end{array}$

$= 30 \ / \ 68 \ / \ 32$

$= 3712$

गुणनफल का उत्तर दायें से लिखना प्रारम्भ करते हैं।

**चरण-1** सबसे दायें 2 लिखा (32 का 2)

**चरण-2** 32 के 3 में 8 जोड़ा $3 + 8 = 11$

11 का 1 लिखा।

**चरण-3** 1 को 6 में जोड़ा तथा इस योग को 0 में जोड़ा

$1 + 6 + 0 = 7$ लिखा

**चरण-4** अन्त में केवल 3 है, सबसे बायें 3 लिखा। इस प्रकार गुणनफल 3712 हुआ। इस गुणनफल को हम निम्न प्रकार जोड़कर भी प्राप्त कर सकते हैं–

$$\begin{array}{r} 30\phantom{00} \\ 68\phantom{0} \\ +\quad 32 \\ \hline 3712 \end{array}$$ उत्तर

(v)
$$\begin{array}{r} 7\ 8 \\ \times\ 8\ 2 \\ \hline 56 / 14+64/16 \end{array}$$

= 56 / 78 / 16

= 6396

(vi)
$$\begin{array}{r} 9\ 0 \\ \times\ 3\ 5 \\ \hline 27 / 45+0/0 \end{array}$$

= 27 / 45 / 0

= 3150

## तीन अंकों के लिए क्रियाविधि–

### उदाहरण-2

(i)
$$\begin{array}{r} 3\ 1\ 2 \\ \times 1\ 2\ 3 \\ \hline \end{array}$$

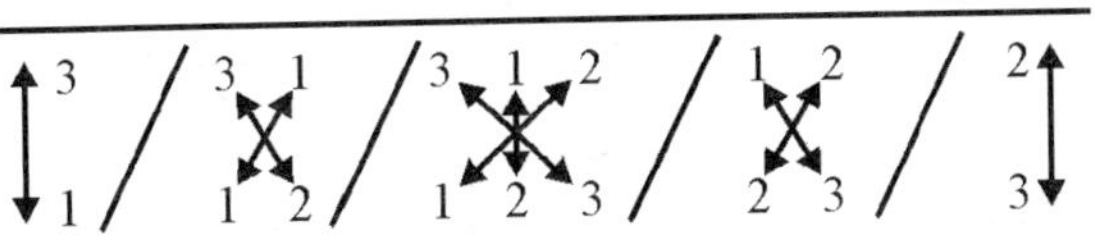

= 3×1/3×2+1×1/3×3+1×2+1×2/1×3+2×2/2×3

= 3 / 7 / 13 / 7 / 6

= 38376

(ii)
$$\begin{array}{r} 8\ 2\ 6 \\ \times 2\ 1\ 5 \\ \hline \end{array}$$

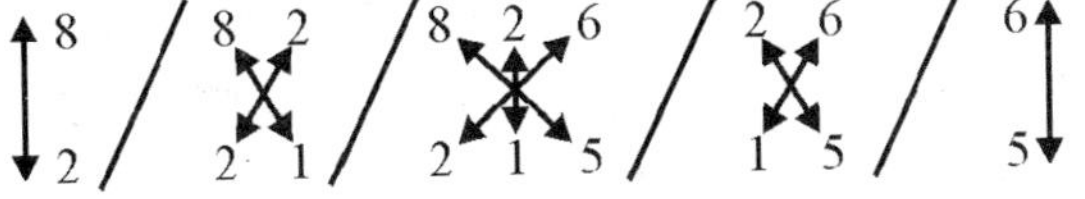

= 8×2/8×1+2×2/8×5+2×6+2×1/2×5+6×1/6×5

= 16 / 8+4 / 40+12+2 / 10+6 / 30

= 16 / 12 / 54 / 16 / 30

= 177590

उत्तर दायीं ओर से लिखना प्रारम्भ करें
सबसे पहले 0, फिर 3 + 6 = 9, 1 + 4 = 5, 5 + 2 = 7, 1 + 6 = 7, अन्त में 1 इस प्रकार गुणनफल हुआ– 177590

(iii)
$$\begin{array}{r} 526 \\ \times\ 34 \\ \hline \end{array}$$

5×0 / 5×3+2×0 / 5×4+6×0+2×3 / 2×4+6×3 / 6×4

0 / 15+0 / 20+0+6 / 8+18 / 24

= 0 / 15 / 26 / 26 / 24

(दायें से जोड़ते हुए उत्तर (गुणनफल) लिखना प्रारम्भ करें)

= (0+1) / (5+2) / (6+2) / (6+2) / 4

= 17884

(iv)
$$\begin{array}{r} 425 \\ \times 137 \\ \hline \end{array}$$

4×1/4×3+2×1/4×7+5×1+2×3/2×7+5×3/5×7

= 4 / 12+2 / 28+5+6 / 14+15 / 35

= 4 / 14 / 39 / 29 / 35

= 58225

(v)
$$\begin{array}{r} 846 \\ \times 359 \\ \hline \end{array}$$

24 / 40+12 / 72+18+20 / 36+30 / 54

= 24 / 52 / 110 / 66 / 54

= 303714

(vi)
$$\begin{array}{r} 903 \\ \times 130 \\ \hline \end{array}$$

9 / 0+27 / 0+3+0 / 0+9 / 0

= 9 / 27 / 3 / 9 / 0

= 117390

## चार अंकों के लिए क्रिया विधि

### उदाहरण-3

(i)

$$\begin{array}{r} 3122 \\ \times 2143 \end{array}$$

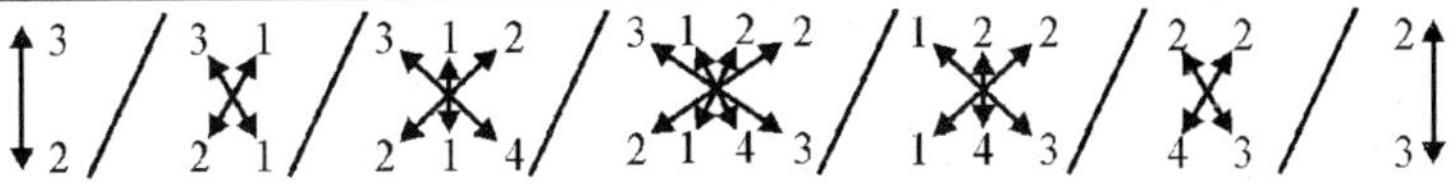

$= 6 \ / \ 3+2 \ / \ 12+4+1 \ / \ 9+4+2+4 \ / \ 3+2+8 \ / \ 6+8 \ / \ 6$

$= 6 \ / \ 5 \ / \ 17 \ / \ 19 \ / \ 13 \ / \ 14 \ / \ 6$

$= 6690446$

(ii)

$$\begin{array}{r} 8205 \\ \times 2084 \end{array}$$

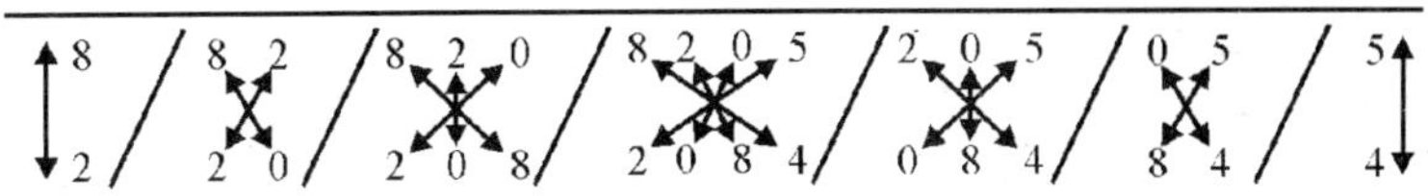

$= 16 \ / \ 0+4 \ / \ 64+0+0 \ / \ 32+10+16 \ / \ 8+0+0 \ / \ 40+0 \ /20$

$= 16 \ / \ 4 \ / \ 64 \ / \ 58 \ / \ 8 \ / \ 40 \ / \ 20$

$= 17099220$

(iii)

$$\begin{array}{r} 6342 \\ \times 354 \end{array}$$

$= 6\times0/18+0/30+0+9/24+0+15+12/12+6+20/16+10/8$

$= 0 \ / \ 18 \ / \ 39 \ / \ 51 \ / \ 38 \ / \ 26 \ / \ 8$

$= 2245068$

(iv)

$$\begin{array}{r} 4852 \\ \times 1006 \\ \hline \end{array}$$

$$= 4/0+8/0+5+0/24+2+0+0/48+0+0/30+0/12$$

$$= 4 \ / \ 8 \ / \ 5 \ / \ 26 \ / \ 48 \ / \ 30 \ / \ 12$$

$$= 4881112$$

(v)

$$\begin{array}{r} 2314 \\ \times 3125 \\ \hline \end{array}$$

$$= 6/11/10/29/21/13/20$$

$$= 7231250$$

## प्रश्नावली–4 (D)

वैदिक विधि से हल करो–

| | | |
|---|---|---|
| 1. 45 × 34 | 2. 68 × 92 | 3. 53 × 45 |
| 4. 89 × 14 | 5. 98 × 46 | 6. 65 × 87 |
| 7. 115 × 23 | 8. 668 × 78 | 9. 312 × 415 |
| 10. 227 × 538 | 11. 442 × 784 | 12. 715 × 92 |
| 13. 515 × 672 | 14. 819 × 116 | 15. 912 × 222 |
| 16. 8875 × 18 | 17. 3416 × 181 | 18. 5136 × 422 |
| 19. 3075 × 4116 | 20. 6005 × 2117 | 21. 6115 × 3022 |
| 22. 5994 × 2003 | 23. 1111 × 1111 | 24. 4675 × 3112 |

---

## उत्तरमाला

| | | |
|---|---|---|
| 1. 1530 | 2. 6256 | 3. 2385 |
| 4. 1246 | 5. 4508 | 6. 5655 |
| 7. 2645 | 8. 52104 | 9. 129480 |
| 10. 122126 | 11. 346528 | 12. 65780 |
| 13. 346080 | 14. 95004 | 15. 202464 |
| 16. 159750 | 17. 618296 | 18. 2167392 |
| 19. 12656700 | 20. 12712585 | 21. 18479530 |
| 22. 12005982 | 23. 1234321 | 24. 14548600 |

# विविध उदाहरणमाला
## अध्याय-4

उचित सूत्रों का उपयोग कर निम्नलिखित प्रश्नों को वैदिक विधि से हल कीजिए।

| | | |
|---|---|---|
| 1. 34 × 98 | 2. 109 × 93 | 3. 45 × 36 |
| 4. 48 × 47 | 5. 217 × 998 | 6. 12 × 16 |
| 7. 111 × 111 | 8. 65 × 999 | 9. 43 × 42 |
| 10. 45 × 98 | 11. 583 × 112 | 12. 78 × 82 |
| 13. 98 × 95 | 14. 715 × 99 | 15. 5007 × 5003 |
| 16. 58 × 46 | 17. 49 × 42 | 18. 96 × 93 |
| 19. 822 × 217 | 20. 99 × 99 | 21. 1025 × 1015 |
| 22. 2998 × 3001 | 23. 715 × 99 | 24. 4516 × 9999 |
| 25. 999 × 999 | 26. 3215 × 4126 | 27. 595 × 604 |
| 28. 41 × 39 | 29. 3725 × 99999 | 30. 4115 × 99 |

---

## उत्तरमाला

| | | |
|---|---|---|
| 1. 3332 | 2. 10137 | 3. 1620 |
| 4. 2256 | 5. 216566 | 6. 192 |
| 7. 12321 | 8. 64935 | 9. 1806 |
| 10. 4410 | 11. 65296 | 12. 6396 |
| 13. 9310 | 14. 70785 | 15. 25050021 |
| 16. 2668 | 17. 2058 | 18. 8928 |
| 19. 178374 | 20. 9801 | 21. 1040375 |
| 22. 8996998 | 23. 70785 | 24. 45155484 |
| 25. 998001 | 26. 13265090 | 27. 359380 |
| 28. 1599 | 29. 372496275 | 30. 40385 |

❖❖❖

5

# भाग
# Division

5.1 **विषय-प्रवेश–** गणित की चार मूलभूत क्रियाओं जोड़, व्यवकलन (घटाना), गुणन तथा भाग में भाग एक अत्यन्त महत्त्वपूर्ण क्रिया है। यह क्रिया अन्य तीन क्रियाओं– जोड़, व्यवकलन तथा गुणन की अपेक्षा कुछ कठिन भी है। भाग की क्रिया में चार मुख्य गणितीय शब्दों का प्रयोग होता है, जिन्हें जानना अत्यन्त आवश्यक है। एक उदाहरण के माध्यम से आप इन चारों गणितीय शब्दों को भलीभाँति समझ सकते हैं–

भाज्य
भाजक 8) 73 (9 भजनफल
−72
1 शेष

उपर्युक्त उदाहरण में 8 भाजक तथा 73 भाज्य है। ये दोनों भाजक और भाज्य प्रश्न का हल करते समय दिये रहते हैं। प्रश्न हल करने के पश्चात् हमें भजनफल और शेष ज्ञात करना होता है। उपर्युक्त उदाहरण में 9 भजनफल तथा 1 शेष है।

भाग की प्रचलित विधि कठिन और उबाऊ है, जबकि वैदिक सूत्रों से भाग के प्रश्नों को हल करना सरल और रुचिकर है।

वैदिक विधि से भाग ज्ञात करने की मुख्यतः चार विधियाँ हैं–

1. विलोकनम विधि
2. निखिलम् विधि
3. परावर्त्य विधि
4. ध्वजांक विधि

**5.2 विलोकनम् विधि–** जब हम प्रश्न को मात्र देखने से हल कर लेते हैं, तो यह विधि 'विलोकनम् विधि' कहलाती है। इस विधि से प्रश्न हल करने के लिए सतत् अभ्यास की आवश्यकता होती है। सतत् अभ्यास एवं सूक्ष्म अवलोकन से भाग के कुछ विशिष्ट प्रश्नों को मौखिक हल किया जा सकता है–

नीचे एक उदाहरण द्वारा विलोकनम् सूत्र से भाग का उत्तर मौखिक रूप से ज्ञात करना समझाया गया है–

**उदाहरण- 1** यहाँ हमें 34 में 9 का भाग देना है।

| प्रथम स्तम्भ | द्वितीय स्तम्भ | |
|---|---|---|
| भाजक | भाज्य | |
| 9 | (i) | (ii) |
| | 3 | 4 |
| | | +3 |
| भजनफल | 3 | 7 शेष |

उपर्युक्त उदाहरण में प्रथम स्तम्भ भाजक का है। द्वितीय स्तम्भ भाज्य का है। भाज्य के भी दो भाग किये गये है– (i) भाग में भाज्य का प्रथम अंक 3 लिखा गया है तथा (ii) भाग में भाज्य का द्वितीय अंक 4 लिखा गया है।

भाज्य का प्रथम अंक 3 भजनफल के रूप में यथावत रखा गया है तथा इसी भजनफल 3 को भाज्य के दूसरे अंक 4 में जोड़कर योगफल 3 + 4 = 7 को शेष के रूप में रखा गया है। जैसा आपने उपर्युक्त उदाहरण में देखा। यहाँ भाजक 9 का कोई उपयोग हल प्राप्त करने के लिए नहीं किया गया है। हमारे उपर्युक्त प्रश्न 34 ÷ 9 का मौखिक हल हुआ–

भजनफल = 3 (भाज्य का प्रथम अंक)

शेष = 7 (भजनफल + भाज्य का दूसरा अंक)

आगे सभी उदाहरणों हम दिये गये प्रश्न के हल के रूप में केवल भजनफल और शेष उत्तर के रूप में लिखेंगे, जिन्हें कि आप भी अवलोकन द्वारा मौखिक रूप से हल कर सकते हैं।

**उदाहरण 2**–हल करो

(i) 13 ÷ 9 (ii) 22 ÷ 9 (iii) 32 ÷ 9

(iv) 44 ÷ 9 (v) 53 ÷ 9 (vi) 60 ÷ 9

(vii) 71 ÷ 9 (viii) 80 ÷ 9

**हल**–(i) भजनफल $\begin{array}{c|c} 1 & 3 \\ \hline 1 & 4 \end{array}$ शेष

भजनफल = भाज्य का प्रथम अंक = 1

शेष = भजनफल + भाज्य का दूसरा अंक

= 1 + 3 = 4

(ii) $\begin{array}{c|c} 2 & 2 \\ \hline 2 & 4 \end{array}$ (iii) $\begin{array}{c|c} 3 & 2 \\ \hline 3 & 5 \end{array}$ (iv) $\begin{array}{c|c} 4 & 4 \\ \hline 4 & 8 \end{array}$

(v) $\begin{array}{c|c} 5 & 3 \\ \hline 5 & 8 \end{array}$ (vi) $\begin{array}{c|c} 6 & 0 \\ \hline 6 & 6 \end{array}$ (vii) $\begin{array}{c|c} 7 & 1 \\ \hline 7 & 8 \end{array}$

(viii) $\begin{array}{c|c} 8 & 0 \\ \hline 8 & 8 \end{array}$

| उपर्युक्त सभी हलों में क्षैतिज रेखा के नीचे ऊर्ध्वाधर रेखा के बायीं ओर भजनफल तथा दायीं ओर शेष उत्तर के रूप में दर्शाये गये हैं। |
| --- |

जैसा हम पहले ही बता चुके हैं, विलोकनम् विधि कुछ विशेष प्रकार के भाग के प्रश्नों को हल करने के लिए है। यहाँ उपर्युक्त सभी उदाहरणों में भाजक 9 है तथा भाज्य दो अंकों की कोई भी संख्या है। प्रत्येक हल में भजनफल, भाज्य के प्रथम अंक के रूप में यथावत है तथा शेष भजनफल और भाज्य के दूसरे अंक के योग के रूप में रखा गया है। इस प्रकार उपर्युक्त सभी प्रश्न मौखिक रूप से विलोकनम विधि से हल किये गये है।

नीचे कुछ और उदाहरण दिये जा रहे हैं। प्रत्येक प्रश्न में भाजक 99 है तथा भाज्य तीन अंकों की कोई भी संख्या है। यहाँ भी भाज्य को दो भागों में बाँटा जायेगा। प्रथम भाग में भाज्य का प्रथम अंक होगा, जो भजनफल के रूप में यथावत लिखा जायेगा। भाज्य के अन्तिम दो अंक दूसरे भाग में होंगे, जिनमें भजनफल को जोड़ने पर योग शेष के रूप में प्राप्त होगा।

**उदाहरण 3**–हल करो 415 ÷ 99

यहाँ 415 में 99 का भाग देना है।

$$\begin{array}{r|l} 4 & 15 \\ & 04 \\ \hline \text{भजनफल}\ 4 & 19\ \text{शेष} \end{array}$$

भजनफल = भाज्य का प्रथम अंक

शेष = भजनफल + भाज्य का दूसरा अंक

= 04 + 15 = 19

**उदाहरण 4**– हल करो

(i) 103 ÷ 99 (ii) 205 ÷ 99 (iii) 332 ÷ 99

(iv) 418 ÷ 99 (v) 530 ÷ 99 (vi) 611 ÷ 99

(vii) 765 ÷ 99 (viii) 842 ÷ 99 (ix) 921 ÷ 99

**हल**-(i) भजनफल $\frac{1|03}{1|04}$ शेष

(ii) $\frac{2|05}{2|07}$ (iii) $\frac{3|32}{3|35}$ (iv) $\frac{4|18}{4|22}$

(v) $\frac{5|30}{5|35}$ (vi) $\frac{6|11}{6|17}$ (vii) $\frac{7|65}{7|72}$

(viii) $\frac{8|42}{8|50}$ (ix) $\frac{9|21}{9|30}$

उपर्युक्त सभी हलों में क्षैतिज रेखा के नीचे ऊर्ध्वाधर रेखा के बायीं ओर भजनफल तथा दायीं ओर शेष उत्तर के रूप में प्रदर्शित किये गये हैं।

**5.3 निखिलम् विधि–** वैदिक विधि से भाग के प्रश्न हल करने की दूसरी विधि वैदिक विधि है। जब भाजक आधार के निकट और आधार से कम होता है, तब इस विधि का प्रयोग किया जाता है। इस विधि के पूर्व बतायी गयी विलोकनम् विधि इसी निखिलम् विधि का विशेष रूप था, जो कि भाग में विशेष प्रश्नों के लिए ही प्रयुक्त होता है। भाग के प्रश्नों में निखिलतम् विधि से हल करने की प्रक्रिया निम्नानुसार है–

**उदाहरण–1**

हल करो 111 ÷ 8

भाज्य = 111

भाजक = 8

निकटतम आधार = 10

संशोधित भाजक = आधार – भाजक = 10 – 8 = 2

| संशोधित भाजक | भाज्य | |
|---|---|---|
| 2 | 11 | 1 |
| | 2 | 6 |
| | 13 | 7 |
| | भागफल | शेष |

- आधार 10 में एक शून्य है, अतः भाज्य का एक अंक (इकाई की ओर से) छोड़कर एक ऊर्ध्वाधर रेखा खींची।
- संशोधित भाजक और भाज्य के बीच भी एक ऊर्ध्वाधर रेखा खींची।
- कुछ स्थान छोड़कर एक क्षैतिज रेखा खींची।
- क्षैतिज रेखा के नीचे भागफल और शेष प्राप्त होंगे।
- बायें से विलोकनम् विधि के अनुसार भाज्य का प्रथम अंक 1 भागफल के प्रथम अंक के रूप में यथावत रखा।
- भागफल के प्रथम अंक 1 का गुणा संशोधित भाजक 2 से किया। $1 \times 2 = 2$
- प्राप्त गुणनफल 2 को भाज्य के द्वितीय अंक 1 के नीचे लिखा।
- $1 + 2 = 3$ यह भागफल का द्वितीय अंक होगा।
- भागफल का द्वितीय अंक × संशोधित भाजक $= 3 \times 2 = 6$
- प्राप्त गुणनफल 6 को भाज्य के तृतीय अंक 1 के नीचे लिखा।
- $1 + 6 = 7$ शेषफल के रूप में लिखा।
- शेषफल का खण्ड पूरा होने पर भाग की क्रिया समाप्त समझी जाती है।

अतः भागफल = 13 शेष = 7

**उदाहरण–2**

हल करो $1542 \div 97$

| संशोधित भाजक | भाज्य | |
|---|---|---|
| 03 | 15 | 42 |
| | 0 | 3 |
| | | 15 |
| | 15 | 87 |
| | भागफल | शेष |

> **टिप्पणी–** आधार में दो शून्य है, अतः शेष के लिए दो अंक छोड़ेंगे।

भाज्य = 1542
भाजक = 97
निकटतम आधार = 100
संशोधित भाजक = 03
भागफल का प्रथम अंक = भाज्य का प्रथम अंक = 1
1 × 03 = 03
भागफल का द्वितीय अंक = 5
5 × 03 = 15
शेष = 87
अतः भागफल = 15, शेष = 87

**उदाहरण–3**

हल करो 21102 ÷ 98

भाज्य = 21102
भाजक = 98
संशोधित भाजक = 100 – 98 = 02

| संशोधित भाजक | भाज्य | |
|---|---|---|
| 02 | 211 | 02 |
| | 04 | 2 |
| | 0 | 10 |
| | 215 | 32 |
| | भागफल | शेष |

भागफल = 215, शेष = 32

**उदाहरण–4**

हल करो 21057 ÷ 96

भाज्य = 21057

भाजक = 96

संशोधित भाजक = 100 – 96 = 04

| संशोधित भाजक | भाज्य | |
|---|---|---|
| 04 | 210 | 57 |
| | 08 | |
| | 0 | 4 |
| | | 32 |
| | 218 | 129 |
| | भागफल | शेष |

इस उदाहरण में शेष 129 मूल भाजक 96 से अधिक है, अतः 129 में संशोधित भाजक 04 जोड़ने पर 129 + 04 = 133, शेष दो अंक का होगा। अतः 133 के 1 को भागफल 218 में जोड़ने पर भागफल = 218 + 1 = 219, शेषफल = 33 उत्तर।

**उदाहरण–5**

हल करो 6543 ÷ 88

भाज्य = 6543

भाजक = 88

संशोधित भाजक = 12

$$\begin{bmatrix} 12 \times 6 = 72 \\ 12 \times 1 = 12 \\ 12 \times 2 = 24 \end{bmatrix}$$

| संशोधित भाजक | भाज्य | | |
|---|---|---|---|
| 12 | 6 5 | 4 | 3 |
| | 7 | 2 | |
| | | 12 | 24 |
| | 6 2 | 2 \| 0 | 7 |
| | + 1 | 2 | 4 |
| | | 2 \| 3 | 1 |
| | भागफल | शेष | |

- भागफल का प्रथम अंक = 6 = भाज्य का प्रथम अंक
- भागफल का प्रथम अंक × संशोधित भाजक = 6 × 12 = 72
- भागफल का द्वितीय अंक = 5 + 7 = 12

  12 का 2, 5 और 7 के नीचे रखेंगे तथा 1 भागफल में प्रथम अंक 6 में जोड़ेंगे।
- अगले चरण में संशोधित भाजक में गुणा करने के लिए हमें भागफल का द्वितीय अंक 12 ही मानना होगा तथा संशोधित भाजक में 12 का गुणा अलग-अलग करेंगे यथा- 1 × 12 = 12 (संशोधित भाजक का दहाई अंक × भागफल का द्वितीय अंक) इसे शेषफल वाले स्तम्भ में 4 और 2 के नीचे रखेंगे।

  अगले चरण में 2 × 12 (संशोधित भाजक का इकाई अंक × भागफल का द्वितीय अंक) = 24

  24 को 3 के नीचे लिखेंगे।

  यहाँ शेष = 207 जो कि भाजक 88 से अधिक है, अतः 07 दो अंक छोड़कर ऊर्ध्वाधर रेखा खींची। भागफल 2, 2 × 12 = 24 को 07 में जाड़ने पर शेष = 31

  पूर्व भागफल = 72

  बाद का भागफल = 02

  अतः अन्तिम भागफल = 72 + 02 = 74, शेष = 31 उत्तर ।

> **टिप्पणी**- जब शेष मूल भाजक से अधिक होता है, तो शेष को भाज्य मानकर पुनः निखलम् विधि से भागफल और शेष ज्ञात करते हैं। इस भागफल को पूर्व भागफल में जोड़कर अन्तिम भागफल ज्ञात करते हैं तथा शेष यथावत् रखते हैं।

**5.4 परावर्त्य विधि**- इस विधि का उपयोग तब किया जाता है, जब भाजक आधार के निकट और आधार से बड़ा होता है। इस विधि की प्रक्रिया लगभग निखिलं विधि के समान है।

**उदाहरण–1**

हल करो 134 ÷ 11

भाज्य = 134

भाजक = 11

निकटतम आधार = 10

संशोधित भाजक = निकटतम आधार – भाजक = 10 – 11 = –1

| संशोधित भाजक | | भाज्य | |
|---|---|---|---|
| –1 | 1 | 3 | 4 |
| | | –1 | –2 |
| | 1 | 2 | 2 |
| | भागफल | | शेष |

(पूरी प्रक्रिया निखिलम् विधि के समान)

भागफल = 12, शेष = 2

**उदाहरण–2**

हल करो 2347 ÷ 101

भाज्य = 2347

भाजक = 101

आधार = 100

आधार से विचलन = 100 – 101 = –01

> **टिप्पणी-1.** यहाँ आधार 100 है, अतः इकाई की ओर से दो अंक छोड़कर ऊर्ध्वाधर विभाजन रेखा खींचनी होगी।
>
> **टिप्पणी-2.** –01 को $0\bar{1}$ के रूप में तथा प्रक्रिया में जो भी ऋणात्मक संख्याएँ आयेंगी, उन्हें इसी प्रकार ऊपर दण्ड (Bar) लगाकर प्रदर्शित करेंगे।

| संशोधित भाजक | भाज्य | |
|---|---|---|
| $0\bar{1}$ | 2 3 | 4 7 |
| | 0 | $\bar{2}$ |
| | | 0 $\bar{3}$ |
| | 2 3 | 2 4 |
| | भागफल | शेष |

- भागफल का प्रथम अंक = भाज्य का प्रथम अंक यथावत् = 2
- भागफल के प्रथम अंक का संशोधित भाजक के प्रत्येक अंक 0 तथा $\bar{1}$ से अलग-अलग गुणा करेंगे। प्राप्त गुणनफल 2 (भाज्य का बायें से प्रथम अंक) को छोड़कर (भाज्य के द्वितीय एवं तृतीय अंक) क्रमशः 3 और 7 के नीचे लिखेंगे।

- भागफल का द्वितीय अंक = 3 + 0 = 3, पुनः इसका गुणा संशोधित भाजक के प्रत्येक अंक 0 तथा 1 से अलग-अलग कर प्राप्त गुणनफल को भाज्य के (तृतीय एवं चतुर्थ अंक) अंक क्रमशः 4 और 7 के नीचे लिखेंगे।
- शेष के स्तम्भ को जोड़ने पर शेष = 24

  अतः भागफल = 23,        शेष = 24 उत्तर ।

**उदाहरण–3**

हल करो 2213 ÷ 102

भाज्य = 2213

भाजक = 102

आधार = 100

संशोधित भाजक = 100 – 102 = $0\bar{2}$

| | | |
|---|---|---|
| $0\bar{2}$ | 2 2 | 1 3 |
| | 0 | $\bar{4}$ |
| | | 0 $\bar{2}$ |
| | 2 2 | $\bar{3}$ 1 |
| | = 2 (2–1) | (10–3) |
| भागफल | = 2 1 | 71 शेष |

- उत्तर का प्रथम अंक = भाज्य का प्रथम अंक = 2
- संशोधित भाजक के प्रत्येक अंक से भागफल के प्रथम अंक 2 का अलग-अलग गुणा करेंगे। गुणनफल को भाज्य के प्रथम अंक को छोड़कर (भाज्य के द्वितीय एवं तृतीय अंक) क्रमशः 2 और 1 के नीचे लिखेंगे।
- 2 + 0 = 2 यह भागफल का द्वितीय अंक है।

  1 + $\bar{4}$ = $\bar{3}$ यह शेष का प्रथम अंक है।

  इसे धनात्मक बनाने के लिए भागफल के बायें द्वितीय अंक 2 से 1 कम कर, शेष में 10 जोड़ने पर (संशोधित) भागफल का द्वितीय अंक = 2 – 1 = 1, शेष = 10 – 3 = 7 उत्तर ।

- भागफल के द्वितीय अंक 1 (संशोधित) का संशोधित भाजक से अलग-अलग प्रत्येक अंक से गुणा कर भाज्य के तीसरे और चौथे अकों क्रमशः 1 और 3 के नीचे लिखेंगे।

  हल करने पर भागफल = 21, शेष = 71 उत्तर ।

**उदाहरण–4**

हल करो 3785 ÷ 1211

भाज्य = 3785

भाजक = 1211

आधार = 1000

संशोधित भाजक = आधार - भाजक = $\bar{2}\ \bar{1}\ \bar{1}$

आधार में तीन शून्य हैं, अतः भाज्य के अन्तिम तीन अंक छोड़कर ऊर्ध्वाधर (विभाजन) रेखा खींची गयी है।

| | | | | |
|---|---|---|---|---|
| $\bar{2}\ \bar{1}\ \bar{1}$ | 3 | 7 | 8 | 5 |
| | | $\bar{6}$ | $\bar{3}$ | $\bar{3}$ |
| | 3 | 1 | 5 | 2 |

भागफल = 3, शेष = 152 उत्तर ।

हमने अभी तक भाग के प्रश्न हल करने के लिए तीन विधियों का अध्ययन किया, विलोकनम् विधि, निखिलम् विधि एवं परावर्त्य विधि। उपर्युक्त सभी विधियों से भाग के विशेष प्रकार के प्रश्न ही हल किये जा सकते हैं। 'विलोकनम् विधि' भाग के केवल उन्हीं प्रश्नों के लिए उपयुक्त है, जिनका भाजक 9, 99, 999, .... हो। निखिलम् विधि का उपयोग तभी हो सकता है, जब भाजक आधार के निकट और उससे कम हो। इसी प्रकार परावर्त्य विधि तभी उपयोगी है, जब भाजक आधार के निकट और उससे अधिक हो। कहने का तात्पर्य यह है कि उपर्युक्त तीनों विधियों में कोई भी विधि ऐसी नहीं है, जो भाग के व्यापक प्रश्नों को हल कर सके। तब प्रश्न उठता है कि वैदिक पद्धति में क्या कोई ऐसी विधि है, जो भाग के प्रश्नों का व्यापक हल दे सके? तो इसका उत्तर है हाँ। और वह विधि है– ध्वजांक विधि। ध्वजांक विधि से भाग के प्रश्न हल करने में कोई प्रतिबन्ध नहीं है। यह भाग के प्रश्न हल करने की व्यापक विधि है।

**5.5 ध्वजांक विधि–** ध्वजांक विधि भाग के प्रश्न हल करने की एक व्यापक विधि है। यह विधि ऊर्ध्व तिर्यक सूत्र पर आधारित है। इस विधि द्वारा भाग के प्रश्न हल करने की प्रक्रिया निम्नानुसार है–

| | | |
|---|---|---|
| ध्वजांक<br>संशोधित भाजक | भाज्य | |
| भागफल→ | | ← शेष |

**उदाहरण–1**

हल करो– 527 ÷ 42

भाज्य = 527

भाजक = 42

संशोधित भाजक = 4

ध्वजांक = 2

| | | भाज्य | | |
|---|---|---|---|---|
| ध्वजांक | 2 | 5 2 | 7 | |
| संशोधित भाजक | 4 | | $_2$ 4 | |
| भागफल→ | | 1 2 | 2 3 | ← शेष |

- मूल भाजक को दो, भागों में बाँटा- संशोधित भाजक एवं ध्वजांक। यहाँ संशोधित भाजक 4 तथा ध्वजांक 2 है। ध्वजांक संशोधित भाजक के थोड़ा ऊपर लिखा जाता है।
- भाग की क्रिया संशोधित भाजक द्वारा की जाती है।
- ध्वज में जितने अंक होते हैं, विभाजक (ऊर्ध्वाधर) रेखा भाज्य के इकाई की ओर से उतने अंक छोड़कर खींची जाती है। यहाँ ध्वज में एक अंक है, अतः इकाई की ओर से एक अंक छोड़कर ऊर्ध्वाधर रेखा खींची गयी है।
- संशोधित भाजक 4 का 5 में भाग देने पर भागफल = 1 तथा शेष = 1

भागफल को भागफल के स्तम्भ में 5 के नीचे रखते हैं। शेष 1 भाज्य के द्वितीय अंक के पहले तथा थोड़ा नीचे और लघु रूप में लिखते हैं।

- अगले चरण के लिए 12 भाज्य के रूप में है। किन्तु अभी इस 12 में 4 का भाग नहीं देना है। अभी यहाँ भी ध्वजांक का उपयोग करना है।
- ध्वजांक × भागफल का प्रथम अंक = 2 × 1 = 2 । इस गुणनफल 2 को भाज्य 12 में से घटाते है। शेष 10 संशोधित भाज्य है, जिसमें 4 का भाग देने पर भागफल 2 तथा शेष 2 रहते हैं। भागफल के द्वितीय अंक के रूप में भागफल के स्तम्भ में तथा शेष 2 को 7 के पहले तथा थोड़ा नीचे लघु रूप में लिखते हैं।
- अब हम देखते हैं कि 12 भागफल है तथा 27 शेष है, किन्तु यह वास्तविक शेष नहीं है। अभी यहाँ भी ध्वजांक का प्रयोग करना है।
- ध्वजांक × भागफल का द्वितीय अंक = 2 × 2 = 4 को शेष 27 में से घटाने पर संशोधित शेष = 27 − 4 = 23

  अतः भागफल = 12, शेष = 23

**उदाहरण–2**

हल करो 984772 ÷ 87

भाज्य = 984772

भाजक = 87

संशोधित भाजक = 8

ध्वजांक = 7

| | | भाज्य | | | | | |
|---|---|---|---|---|---|---|---|
| ध्वजांक | 7 | 9 | 8 | 4 | 7 | 7 | 2 |
| संशोधित भाजक | 8 | | 1 | 3 | 3 | 8 | 8 |
| भागफल → | | 1 | 1 | 3 | 1 | 9 | 19 ← शेष |

- $9 \div 8$, भागफल 1, (भागफल का प्रथम अंक), शेष 1
- अगला भाज्य = 18

  भागफल का प्रथम अंक × ध्वजांक = 1 × 7 = 7

  18 − 7 = 11 संशोधित भाज्य
- $11 \div 8$, भागफल = 1, (भागफल का द्वितीय अंक), शेष = 3
- अगला भाज्य = 34

  भागफल का द्वितीय अंक × ध्वजांक = 1 × 7 = 7

  34 − 7 = 27 संशोधित भाज्य

  $27 \div 8$, भागफल = 3, (भागफल का तृतीय अंक), शेष = 3
- अगला भाज्य = 37

  भागफल का तृतीय अंक × ध्वजांक = 3 × 7 = 21

  37 − 21 = 16 संशोधित भाज्य
- $16 \div 8$, 16 में 8 का भाग 2 बार जाता है, किन्तु बीच में शेष शून्य नहीं आना चाहिए। अतः 1 बार भाग देंगे।

  $16 \div 8$, भागफल = 1, (भागफल का चतुर्थ अंक), शेष = 8

  अगला भाज्य = 87

  भागफल का चतुर्थ अंक × ध्वजांक = 1 × 7 = 7

  87 − 7 = 80 संशोधित भाज्य

  $80 \div 8$, यहाँ पर भी ऊपर जैसी स्थिति बन रही है। 80 में 8 का भाग 10 बार जाता है, शेष शून्य रहता है, किन्तु प्रक्रिया के बीच में शेष शून्य पर प्रतिबन्ध है।

  अतः $80 \div 8$, भागफल = 9, (भागफल का पंचम अंक), शेष = 8
- शेष के स्तम्भ में पहुँच चुके, अब भाग देने की आवश्यकता नहीं। शेष 82 किन्तु ध्वजांक प्रक्रिया शेष।

  भागफल का पंचम अंक × ध्वजांक = 9 × 7 = 63

  संशोधित शेष = 82 − 63 = 19

  अतः भागफल = 11319, शेष = 19 उत्तर।

**उदाहरण–3**

हल करो 650372 ÷ 415

भाज्य = 650372

भाजक = 415

भाजक को दो भागों में बाँटा

संशोधित भाजक = 4

ध्वजांक = 15

यदि संशोधित भाजक 41 तथा ध्वजांक 5 लेते हैं, तो भाग 41 का देना होगा, जो कष्टप्रद होगा। अतः संशोधित भाजक 4 तथा ध्वजांक 15 लिया गया है

| | | भाज्य | | | | | |
|---|---|---|---|---|---|---|---|
| ध्वजांक | 15 | 6 | 5 | 0 | 3 | 7 | 2 |
| संशोधित भाजक | 4 | | 2 | 4 | 6 | 4 | 10 |
| भागफल → | | 1 | 5 | 6 | 7 | 67 | ← शेष |

- ध्वजांक में दो अंक हैं, अतः शेष के लिए भाज्य के इकाई की ओर से दो अंक छोड़कर ऊर्ध्वाधर विभाजक रेखा खींची
  6 ÷ 4, भागफल = 1, (भागफल का प्रथम अंक) शेष = 2
- अगला भाज्य = 25, इसमें से ध्वजांक और भागफल के प्रथम अंक का तिर्यक गुणनफल $\begin{bmatrix}15\\01\end{bmatrix}$ घटाएँगे।
  $25 - (1\times1 + 5\times0) = 25 - 1 = 24$
  संशोधित भाज्य = 24
  24 ÷ 4 (6 बार देने पर शेष शून्य रहता है) प्रक्रिया के बीच में शेष शून्य नहीं आना चाहिए।
  अतः भागफल = 5, (भागफल का द्वितीय अंक), शेष = 4
- अगला भाज्य = 40, इसमें से ध्वजांक और भागफल के प्रथम और द्वितीय अंक का तिर्यक गुणनफल घटाएँगे।
  $40 - (5\times1 + 5\times1) = 30$
  संशोधित भाज्य = 30

**टिप्पणी**- 30 ÷ 4, भागफल = 7, शेषफल = 2

अगला भाज्य = 23, इसमें से ध्वजांक और भागफल के द्वितीय और तृतीय अंक का तिर्यक गुणनफल घटाएँगे। 23 – (6×1 + 5×5) = –1 जो कि एक ऋणात्मक संख्या है, अतः अग्राह्य। अतः अग्राह्य–1. बीच में शेष शून्य नहीं आना चाहिए। 2. संशोधित भाज्य ऋणात्मक नहीं होना चाहिए।

30 ÷ 4, भागफल 7, अमान्य

अतः भागफल = 6, (भागफल का तृतीय अंक), शेष = 6

अगला भाज्य = 63, 63 में से ध्वजांक और भागफल के द्वितीय और तृतीय अंक का तिर्यक गुणनफल (5 × 5 + 6 × 1 = 31)

31 घटाने पर संशोधित भाज्य = 63 – 31 = 32

32 ÷ 4, 7 बार भाग देंगे, क्योंकि बीच में शेष शून्य नहीं रहना चाहिए।

भागफल = 7, (भागफल का चतुर्थ अंक), शेष = 4

अब हम शेष के स्तम्भ में पहुँच चुके हैं, अतः भाग की क्रिया समाप्त। शेष निम्नानुसार ज्ञात करेंगे।

अगली संख्या = 47, 47 में से भागफल के तृतीय और चतुर्थ अंक का तिर्यक गुणनफल घटाने पर–

47 – (7×1 + 6×5) = 47 – 37 = 10

अगली संख्या = 102, 102 में से ध्वज के अंतिम अंक 5 और भागफल के अंतिम अंक 7 का गुणनफल (5 × 7 = 35) घटाने पर वास्तविक (संशोधित) शेष = 102 – 35 = 67

अतः भागफल = 1567, शेष = 67 उत्तर।

**उदाहरण–4**

हल करो 653021 ÷ 428

भाज्य = 653021

भाजक = 428

संशोधित भाजक = 4

ध्वजांक = 28

| | | भाज्य | | | | | |
|---|---|---|---|---|---|---|---|
| ध्वजांक | 28 | 6 | 5 | 3 | 0 | 2 | 1 |
| संशोधित भाजक | 4 | | 2 | 3 | 7 | 6 | 36 |
| भागफल→ | | 1 | 5 | 2 | 5 | 321 ← शेष | |

- 6 ÷ 4, भागफल = 1, (भागफल का प्रथम अंक), शेष = 2
  अगला भाज्य = 25
  25 − 2 = 23 संशोधित भाज्य = 23
  23 ÷ 4, भागफल = 5, (भागफल का द्वितीय अंक), शेष = 3
- अगला भाज्य = 33
  संशोधित भाज्य = 33 − (10 + 8) = 15
- 15 ÷ 4, भागफल = 3, (भागफल का तृतीय अंक) शेष = 3
- अगला भाज्य = 30
  संशोधित भाज्य = 30 − (40 + 6) = −16 (संशोधित भाज्य ऋणात्मक संख्या होने के कारण अग्राह्य)
  अतः 15 ÷ 4, भागफल = 2, शेष = 7
- अगला भाज्य = 70
  संशोधित भाज्य = 70 − (40 + 4) = 70 − 44 = 26
  26 में 4 भाग देने पर यद्यपि 6 भागफल आता है, किन्तु संशोधित भाज्य पुनः एक ऋणात्मक संख्या होगी।
  अतः 26 ÷ 4 में भागफल = 5 तथा शेष = 6
  भागफल क्रिया समाप्त।
  शेष की क्रिया के लिए अगली संख्या = 62
- 62 − 26 = 36, (5 × 2 + 2 × 8 = 26)
- अगला शेष = 361
  संशोधित शेष = 361 − ध्वजांक का अन्तिम अंक × भागफल का अन्तिम अंक
  = 361 − 40 = 321
  अतः भागफल = 1525, शेष = 321 उत्तर।

## प्रश्नावली-5

उपयुक्त सूत्र की सहायता से निम्न प्रश्न हल करो।

1. 322 ÷ 99
2. 645 ÷ 103
3. 85317 ÷ 1105
4. 415 ÷ 99
5. 8762 ÷ 105
6. 73254 ÷ 367
7. 2341 ÷ 115
8. 415 ÷ 97
9. 7312 ÷ 101
10. 879 ÷ 99
11. 4532 ÷ 96
12. 85342 ÷ 86
13. 6271 ÷ 999
14. 4532 ÷ 102
15. 817 ÷ 96
16. 5823 ÷ 67
17. 456321 ÷ 217
18. 112 ÷ 99
19. 8531 ÷ 999
20. 322 ÷ 98
21. 6215 ÷ 999
22. 67312 ÷ 413
23. 4321 ÷ 99
24. 63215 ÷ 999
25. 856471 ÷ 77
26. 5246 ÷ 107
27. 85325 ÷ 1005
28. 60050 ÷ 9999
29. 876543 ÷ 817
30. 15432 ÷ 899

---

## उत्तरमाला

| | भागफल | शेष | | भागफल | शेष |
|---|---|---|---|---|---|
| 1. | 3 | 25 | 16. | 86 | 61 |
| 2. | 6 | 27 | 17. | 2107 | 102 |
| 3. | 77 | 232 | 18. | 1 | 13 |
| 4. | 4 | 19 | 19. | 8 | 539 |
| 5. | 83 | 47 | 20. | 3 | 28 |
| 6. | 199 | 221 | 21. | 6 | 221 |
| 7. | 26 | 41 | 22. | 162 | 406 |
| 8. | 4 | 27 | 23. | 43 | 64 |
| 9. | 72 | 40 | 24. | 63 | 278 |
| 10. | 8 | 87 | 25. | 11123 | 00 |
| 11. | 47 | 20 | 26. | 49 | 3 |
| 12. | 992 | 30 | 27. | 84 | 905 |
| 13. | 6 | 277 | 28. | 6 | 56 |
| 14. | 44 | 44 | 29. | 1072 | 719 |
| 15. | 8 | 49 | 30. | 173 | 35 |

❖❖❖

6

# वर्ग

# Square

**6.1 विषय-प्रवेश–** किसी संख्या के वर्ग से अभिप्राय है, उस संख्या का उसी संख्या से गुणा। जैसे 4 का वर्ग $= 4 \times 4 = 16$, 11 का वर्ग $= 11 \times 11 = 121$, 30 का वर्ग $= 30 \times 30 = 900$ होगा।

गुणन के पिछले अध्याय में हमने गुणन के लिए चार महत्त्वपूर्ण सूत्रों पर चर्चा की थी। उनमें से जो भी सूत्र प्रश्न के अनुसार उपयुक्त हो, उस सूत्र की सहायता से हम किसी संख्या का वर्ग ज्ञात कर सकते हैं।

**उदाहरण-1**

**हल** (i) 98 का वर्ग ज्ञात करना–

$$\begin{array}{r} 98 \\ \underline{\times 98} \end{array}, \quad \begin{array}{r} 98-2 \\ \underline{98-2} \\ 9604 \end{array} \text{ (निखिलम् सूत्र)}$$

(ii) 52 का वर्ग ज्ञात करना–

$$\begin{array}{r} 52 \\ \underline{\times 52} \end{array}, \quad \begin{array}{r} 52+2 \\ \underline{52+2} \end{array}$$

$= \frac{1}{2}(54)\,04 = 2704$ (आनुरूप्येण सूत्र)

(iii) 99 का वर्ग ज्ञात करना–

$$(99)^2 = \begin{array}{r} 9\,9 \\ \times 9\,9 \\ \hline 9\,8\,0\,1 \end{array}$$

$= (99 - 1)\ [99 - (99 - 1)]$

$= 9801$ (एकन्यून पूर्वेण सूत्र)

(iv) 72 का वर्ग ज्ञात करना–

$$\begin{array}{l} \ \ 7\,2 \\ \times 7\,2 \\ \hline 4\,9 / 2\,8 / 4 \end{array}$$

$= 5184$ (ऊर्ध्व-तिर्यकम् सूत्र)

इस अध्याय में हम वैदिक सूत्रों की सहायता से वर्ग करने के लिए विशिष्ट विधियों की चर्चा करेंगे।

वैदिक गणित की सहायता से किसी संख्या का वर्ग ज्ञात करने के लिए मुख्यतः चार सूत्र हैं–

1. एकाधिकेन पूर्वेण
2. यावदूनम
3. आनुरूप्येण
4. द्वन्द्व योग

**6.2 एकाधिकेन पूर्वेण सूत्र की विवेचना–** जैसा कि प्रथम अध्याय में बताया जा चुका है। एकाधिकेन पूर्वेण सूत्र का अर्थ है– 'पूर्व से एक अधिक'। इस सूत्र का उपयोग केवल उन संख्याओं के वर्ग ज्ञात करने में किया जाता है, जिन संख्याओं का इकाई का अंक 5 हो। यथा– 15, 25, 35, 45, 105, 115, .... आदि।

इस सूत्र की क्रिया-विधि के पद निम्नानुसार है–

1. अन्तिम अंक (इकाई अंक जो सदैव 5 होगा) का वर्ग करें।
2. इस प्रकार वर्ग करने पर दाहिनी ओर के दो अंक प्राप्त होंगे।
3. शेष अंक में एक जोड़कर उनका आपस में गुणा करें।
4. इस गुणनफल को बायीं ओर रखें।

परिणाम दी हुई संख्या का गुणनफल होगा।

**उदाहरण-2**

**हल** (i) 35 का वर्ग ज्ञात करना।

पद-1 के अनुसार इकाई के अंक 5 का वर्ग $= 25$

पद-2 के अनुसार इस 25 को दाहिनी ओर रखा।

पद-3, शेष अंक दहाई के 3 में एक जोड़ने पर 4 हुआ, 3 और 4 का आपस में गुणा करने पर गुणनफल $3 \times 4 = 12$

पद-4 इस गुणन को दाहिनी ओर रखा

परिणाम $(35)^2 = 12/25 = 1225$ उत्तर।

**हल** (ii) 65 का वर्ग ज्ञात करना।

इकाई के अंक 5 का वर्ग $= 25$

शेष अंक 6 से एक अधिक 7, 7 और 6 का आपस में गुणनफल $= 6 \times 7 = 42$

अतः $(65)^2 = 4225$ उत्तर।

**हल** (iii) 85 का वर्ग ज्ञात करना।

इकाई के अंक 5 का वर्ग $= 25$

$8 \times (8+1) = 8 \times 9 = 72$

अतः $(85)^2 = 7225$ उत्तर।

**हल** (iv) 105 का वर्ग ज्ञात करना।

इकाई के अंक 5 का वर्ग $= 25$

शेष संख्या 10 और उससे एक अधिक 11 का आपस में गुणा करने पर गुणनफल $= 10 \times 11 = 110$

अतः $(105)^2 = 11025$ उत्तर।

**हल** (v) 245 का वर्ग ज्ञात करना।

इकाई के अंक 5 का वर्ग = 25

शेष संख्या 24 और उससे एक अधिक 25 का आपस में गुणा

$24 \times 25 = 600$

अत: $(245)^2 = 60025$ उत्तर।

**6.3 यावद्नम सूत्र द्वारा किसी संख्या का वर्ग ज्ञात करना–** यावदूनम सूत्र का पूर्ण रूप है– यावद्नम तावद्नीकृत्य वर्गच योजयेत। यह सूत्र निखिलम् सूत्र का उपसूत्र है। इसका उपयोग किसी संख्या का वर्ग ज्ञात करने के लिए किया जाता है। इस सूत्र का अर्थ है– किसी संख्या की आधार से जितनी न्यूनता/अधिकता हो, उतनी न्यूनता/अधिकता और करें तथा उसी न्यूनता/अधिकता का वर्ग भी रखें। विभिन्न उदाहरणों द्वारा इस सूत्र का आशय हम स्पष्ट करेंगे।

**हल** (i) 9 का वर्ग ज्ञात करना।

9 की आधार 10 से न्यूनता = 1

9 में से 1 कम करने पर 9 – 1 = 8

न्यूनता 1 का वर्ग = 1

अत: $9^2 = 81$

(ii) $13^2 = (13+3) \ / \ (3)^2$

$= 16/9$

$= 169$

| 13 की आधार 10 से अधिकता 3 है, 3 को 13 में जोड़ा 13 + 3 = 16 । अधिकता का वर्ग अर्थात् 3 का वर्ग = 9, इस प्रकार $(13)^2 = 169$ |
|---|

(iii) $18^2 = (18+8) \ / \ (8)^2$

$= 26/64$

$= 324$

18 की आधार 10 से अधिकता = 8

8 को 18 में जोड़ा, 18 + 8 = 26, अधिकता 8 का वर्ग = 64

64 के 4 को इकाई में रखा तथा 6 को 26 में जोड़ा।

**टिप्पणी**- आधार 10 है, अतः दायीं ओर केवल एक अंक होगा

(iv) $92^2 = (92 - 8) / 8^2$

$= 84/64$

$= 8464$

92 का आधार 100 से 8 कम

92 में से 8 कम किये 92 – 8 = 84 (बायीं ओर की संख्या)

न्यूनता 8 का वर्ग = 64 (दायीं ओर की संख्या)

इस प्रकार $92^2 = 8464$ उत्तर।

**टिप्पणी**- यहाँ आधार 100 है, अतः दायीं ओर दो अंक होंगे।

(v) $99^2 = 98/01$

$= 9801$ उत्तर।

(vi) $(106)^2 = (106 + 6) / (06)^2$

$= 112/36$

$= 11236$ उत्तर।

(vii) $(998)^2 = (998 - 2) / (002)^2$

$= 996004$ उत्तर।

**टिप्पणी**- यहाँ आधार 1000 है, अतः दायीं ओर तीन अंक होंगे।

(viii) $(987)^2 = (987 - 13) / (13)^2$

$= 974169$ उत्तर।

(ix) $(1002)^2 = (1002 + 002) / (002)^2$

$= 1004004$ उत्तर।

(x) $(1013)^2 = (1013 + 13) / (13)^2$

$= 1026169$ उत्तर।

(xi) $(1025)^2 = (1025 + 25) \ / \ (25)^2$
$= 1050625$ उत्तर।

## 6.4 अनुरूप्येण सूत्र द्वारा किसी संख्या का वर्ग ज्ञात करना–

यावदूनम सूत्र में जो उदाहरण हमने किसी संख्या का वर्ग ज्ञात करने के लिए चयन किये थे, उन सभी उदाहरणों में वर्ग की जानेवाली संख्याएँ आधार 10, 100 या 1000 के बहुत पास थी। इससे वर्ग करने में सरलता हो जाती थी, किन्तु यदि वर्ग की जाने वाली संख्या आधार 10, 100, 1000, .... आदि के पास (नजदीक) नहीं है, तो हम अनुरूप्येण सूत्र का उपयोग करेंगे। अनुरूप्येण का शाब्दिक अर्थ है– "आनुपातिक" इस अनुरूप्येण सूत्र की विस्तृत व्याख्या गुणन के अध्याय में की जा चुकी है।

**उदाहरण-1**

**हल** (i) 49 का वर्ग ज्ञात कीजिए।
सैद्धान्तिक आधार = 10
क्रियात्मक आधार = 50
$(49)^2 = 5 \times (49 - 1) \ / \ (-1)^2$ अनुरूप्येण सूत्र
$= 5(48) \ / \ 1$
$= 2401$ उत्तर।

**हल** (ii) 68 का वर्ग ज्ञात कीजिए।
सैद्धान्तिक आधार = 10
क्रियात्मक आधार = 70
$(68)^2 = 7(68 - 2) \ / \ (-2)^2$
$= 7 \times 66 \ / \ 4$
$= 4624$ उत्तर।

**हल** (iii) 315 का वर्ग ज्ञात कीजिए।
सैद्धान्तिक आधार = 100
क्रियात्मक आधार = 300

$315 = 3 \times (315 + 15) / (15)^2$

$= 3 \times (330) / 225$

$= 990/225$

$= 99225$ उत्तर।

**टिप्पणी**- आधार 100 है, अतः दायीं ओर दो अंक होंगे, 225 का सैकड़ा अंक 2, 990 के इकाई अंक 0 में जोड़ा गया है। इस प्रकार 990 / 225 = 99225

**हल** (iv) 897 का वर्ग ज्ञात कीजिए।

सैद्धान्तिक आधार = 100

क्रियात्मक आधार = 900

$(897)^2 = 9(897 - 3) / (-3)^2$

$= 9(894) / 09$

$= 804609$ उत्तर।

**हल** (v) 506 का वर्ग ज्ञात कीजिए।

सैद्धान्तिक आधार = 100

क्रियात्मक आधार = 500

$(500)^2 = 5(506 + 6) / (06)^2$

$= 5(512) / 36$

$= 256036$ उत्तर।

**हल** (vi) 2003 का वर्ग ज्ञात कीजिए।

सैद्धान्तिक आधार = 1000

क्रियात्मक आधार = 2000

$(2003)^2 = 2 \times (2003 + 3) / (03)^2$

$= 2 \times (2006) / 009$

$= 4012009$ उत्तर।

**टिप्पणी**-10 आधार में दाहिनी ओर एक अंक, 100 आधार में दाहिनी ओर दो अंक तब 1000 आधार में दाहिनी ओरतीन अंक आते हैं।

**हल** (vii) 4997 का वर्ग ज्ञात कीजिए।

सैद्धान्तिक आधार = 1000

क्रियात्मक आधार = 5000

$(4997)^2 = 5 \times (4997 - 3) \;/\; (-3)^2$

$= 5 \times (4994) \;/\; 009$

= 24970009 उत्तर।

**6.5 द्वन्द्व योग सूत्र द्वारा किसी संख्या का वर्ग ज्ञात करना-** द्वन्द्व योग सूत्र द्वारा किसी संख्या का वर्ग ज्ञात करना बहुत आसान है। यह विधि वर्ग ज्ञात करने की एक सशक्त विधि है। इस सूत्र की व्याख्या के पूर्व यह जान लेना अत्यन्त आवश्यक है कि किसी संख्या का द्वन्द्व योग क्या है।

- एक अंक वाली संख्या का द्वन्द्व योग = $(\text{संख्या})^2$
  जैसे 7 का द्वन्द्व योग = $(7)^2 = 49$
  5 का द्वन्द्व योग = $(5)^2 = 25$
- दो अंकों वाली संख्या का द्वन्द्व योग = 2 (संख्या के दोनों अंकों का गुणनफल)
  जैसे- 37 का द्वन्द्व योग = $2\ (3 \times 7) = 42$
  52 का द्वन्द्व योग = $2\ (5 \times 2) = 20$
- तीन अंको वाली संख्या का द्वन्द्व योग
  = 2 (प्रथम अंक × तृतीय अंक) + द्वितीय अंक का वर्ग
  जैसे- संख्या 314 का द्वन्द योग
  $= 2(3 \times 4) + (1)^2 = 24 + 1 = 25$
  432 का द्वन्द्व योग
  $2\ (4 \times 2) + (3)^2 = 16 + 9 = 25$
- चार अंकों वाली संख्या का द्वन्द्व योग
  = 2(प्रथम अंक × चतुर्थ अंक) + 2(द्वितीय अंक × तृतीय अंक)
  जैसे- संख्या 4236 का द्वन्द्व योग = $2\ (4 \times 6) + 2\ (2 \times 3)$
  $= 2\ (24) + 2\ (6) = 48 + 12 = 60$

संख्या 3512 का द्वन्द्व योग

$= 2\ (3 \times 2) + 2\ (5 \times 1)$

$= 2\ (6) + 2\ (5)$

$= 12 + 10 = 22$

- पाँच अंक वाली संख्या का द्वन्द्व योग

  = 2(प्रथम अंक×पाँचवाँ अंक) + 2(द्वितीय अंक×चतुर्थ अंक) + तृतीय अंक का वर्ग

  जैसे- संख्या 23145 का द्वन्द्व योग

  $= 2\ (2 \times 5) + 2\ (3 \times 4) + (1)^2$

  $= 2\ (10) + 2\ (12) + 1$

  $= 20 + 24 + 1 = 45$

  संख्या 36272 का द्वन्द्व योग

  $= 2\ (3 \times 2) + 2\ (6 \times 7) + (2)^2$

  $= 12 + 84 + 4$

  $= 100$

किसी संख्या का द्वन्द्व योग जानने के पश्चात् यह जानना भी अत्यन्त आवश्यक है कि किसी संख्या का वर्ग ज्ञात करने के लिए उस संख्या का समूहन (Grouping) हम किस प्रकार करेंगे।

**उदाहरण–**

**हल** (i) 38 का वर्ग ज्ञात कीजिए।

38 का समूहन निम्न प्रकार होगा–

3, 38, 8

- उपर्युक्त संख्याओं का द्वन्द्व योग ज्ञात करेंगे।
- द्वन्द्व योग ज्ञात करने के पश्चात् दायीं ओर से जोड़ेंगे।
- जोड़ने पर जो परिणाम आयेगा, वही दी हुई संख्या का वर्ग होगा।

  जैसे- 3 का द्वन्द्व योग $= (3)^2 = 9$ .......(1)

  38 का द्वन्द्व योग $= 2(3 \times 8) = 48$ ........(2)

8 का द्वन्द्व योग $= (8)^2 = 64$ ........(3)

(1), (2) तथा (3) को दायीं ओर से इस प्रकार जोड़ेंगे-

9 / 48 / 64 = 1444

**व्याख्या**- सबसे पहले दायीं ओर 4 रखा (इकाई में) 64 के 6 को 8 में जोड़ा = 14
दहाई में पुनः 14 में से 4 रखा, 1 को 4 में जोड़ते हुए उसे 9 में जोड़ा योग = 14 इसे अन्त में सबसे बायीं ओर रखा।

अतः $(38)^2 = 1444$

**हल** (ii) 86 का वर्ग ज्ञात कीजिए।

86 का समूहन

8 / 86 / 6

द्वन्द्व योग $(8)^2 \ / \ 2\ (8 \times 6) \ / \ (6)^2$

= 64 / 96 / 36

दायीं ओर से योग 7396

अतः $(86)^2 = 7396$

**टिप्पणी**- योग इस प्रकार करते हैं-

$$\begin{array}{r} 64\phantom{00} \\ 96\phantom{0} \\ 36 \\ \hline 7396 \end{array}$$

**हल** (iii) 237 का वर्ग ज्ञात कीजिए।

237 का समूहन

2 / 23 / 237 / 37 / 7

द्वन्द्व योग $(2)^2/2(2\times3)/2(2\times7) + (3)^2/2(3\times7)/(7)^2$

= 4 / 12 / 37 / 42 / 49

दायीं ओर से योग = 56169

अतः $(237)^2 = 56169$

**हल** (iv) 608 का वर्ग ज्ञात कीजिए।

608 का समूहन

6 / 60 / 608 / 08 / 8

द्वन्द्व योग $= (6)^2/2(6\times0)/2(6\times8) + (0)^2/2(0\times8)/(8)^2$

दायीं ओर से योग = 369664

**हल** (v) 2315 का वर्ग ज्ञात कीजिए।

2315 का समूहन

2, 23, 231, 2315, 315, 15, 5

द्वन्द्व योग $= (2)^2$ /·2 $(2\times3)$ / 2 $(2\times1) + (3)^2$ / 2 $(2\times5)$

$+$ 2 $(3\times1)$ / 2 $(3\times5) + (1)^2$ / + 2 $(1\times5)$ / $(5)^2$

= 4 / 12 / 13 / 26 / 31 / 10 / 25

दायीं ओर से योग = 5359225

अतः $(2315)^2 = 5359225$

## प्रश्नावली-6

निम्नलिखित संख्याओं के वर्ग ज्ञात करना।

| | | |
|---|---|---|
| 1. 97 | 2. 315 | 3. 53 |
| 4. 997 | 5. 105 | 6. 81 |
| 7. 717 | 8. 85 | 9. 811 |
| 10. 96 | 11. 1022 | 12. 48 |
| 13. 988 | 14. 75 | 15. 111 |
| 16. 8312 | 17. 994 | 18. 3005 |
| 19. 798 | 20. 93 | 21. 322 |
| 22. 4317 | 23. 992 | 24. 1003 |
| 25. 665 | 26. 1111 | 27. 6219 |
| 28. 102 | 29. 3274 | 30. 1002 |

---

## उत्तरमाला

| | | |
|---|---|---|
| 1. 9409 | 2. 99225 | 3. 2809 |
| 4. 994009 | 5. 11025 | 6. 6561 |
| 7. 514089 | 8. 7225 | 9. 657721 |
| 10. 9216 | 11. 1044484 | 12. 2304 |
| 13. 976144 | 14. 5625 | 15. 12321 |
| 16. 69089344 | 17. 988036 | 18. 9030025 |
| 19. 636804 | 20. 8649 | 21. 103684 |
| 22. 18636489 | 23. 984064 | 24. 1006009 |
| 25. 442225 | 26. 1234321 | 27. 38675961 |
| 28. 10404 | 29. 10719076 | 30. 1004004 |

❖❖❖

7

# वर्गमूल
# Square Root

7.1 **विषय-प्रवेश**- किसी दी हुई संख्या का वर्गमूल वह संख्या है, जिसका आपस में गुणा करने पर दी हुई संख्या (मूलसंख्या) प्राप्त होती है। उदाहरण के लिए 25 का वर्गमूल 5 है, अर्थात् परिभाषा के अनुसार 5 का 5 में गुणा करने पर 25 प्राप्त होते है। बीज गणित्य पद्धति में 25 का वर्गमूल ±5 होता है, क्योंकि +5 और +5 का गुणनफल 25 तथा –5 तथा –5 का आपस में गुणनफल भी 25 होता है। यहाँ हम वर्गमूल के केवल धन चिह्न की चर्चा करेंगे।

**पूर्ण वर्ग संख्याएँ**- वे संख्याएँ हैं, जिनका वर्गमूल एक पूर्णांक संख्याएँ होती है, पूर्ण वर्ग संख्याएं कहलाती हैं। उदाहरण के लिए 25, 49, 64, 225, 400, ... आदि पूर्ण वर्ग संख्याएँ हैं, क्योंकि इनके वर्गमूल क्रमशः 5, 7, 8, 15, 20 है, जो कि सभी पूर्णांक संख्याएँ हैं। 33, 47, 60, 48 पूर्ण वर्ग संख्या नहीं है, क्योंकि इनमें से किसी भी संख्या का वर्गमूल पूर्णांक संख्या नहीं है।

कोई संख्या पूर्ण वर्ग संख्या है या नहीं, यह जानने के लिए हमें उसका इकाई का अंक देखना चाहिए। यदि इकाई का अंक 1, 4, 5, 6 या 9 है, तो संख्या पूर्ण वर्ग हो सकती है। इसी प्रकार यदि संख्या के अन्त में सम संख्या में शून्य है, अर्थात् किसी संख्या के अन्त में शून्यों की संख्या 2, 4, 6, ... आदि है, तो वह संख्या पूर्ण वर्ग संख्या हो सकती है, किन्तु यदि किसी संख्या के अन्त में 2, 3, 7, 8 तथा विषम संख्या में शून्य है, तो वह संख्या पूर्ण वर्ग संख्या नहीं होगी।

## 7.2 वर्गमूल ज्ञात करने की प्रचलित विधियाँ–

वर्गमूल ज्ञात करने की प्रचलित विधियाँ दो हैं–

1. गुणनफल विधि
2. भाग विधि

सामान्यतः वर्गमूल ज्ञात करने के लिए गुणनखण्ड विधि का प्रयोग होता है, क्योंकि गुणनखण्ड विधि भाग विधि की अपेक्षा आसान है, किन्तु गुणनखण्ड विधि वर्गमूल ज्ञात करने की एक सशक्त विधि नहीं है। मान लीजिए हमें छोटी सी संख्या 361 का वर्गमूल ज्ञात करना है। गुणनखण्ड विधि से इसके गुणनखण्ड करना आसान नहीं है, क्योंकि इसके गुणनखण्ड 19 × 19 है, जबकि भाग विधि द्वारा इसे सरलता और शीघ्रता से हल किया जा सकता है। एक और संख्या लीजिए 175561, इसका गुणनखण्ड विधि से वर्गमूल ज्ञात करना अत्यन्त कठिन है, जबकि भाग विधि द्वारा वर्गमूल आसानी और शीघ्रता से हल किया जा सकता है।

वर्गमूल ज्ञात करने की भाग विधि प्रसिद्ध भारतीय गणितज्ञ आर्यभट्ट की देन है। इनकी प्रसिद्ध पुस्तक आर्यभट्ट में निम्नलिखित श्लोक वर्गमूल ज्ञात करने की भाग विधि को दर्शाता है–

**भागं हरेद्वर्गान्तियं द्विगुणेन वर्गमूलेन।**
**वर्गाद्वर्गे शुद्धे लब्धं स्थानानान्तरे मूलम्।।**

## 7.3 वैदिक पद्धति से किसी संख्या का वर्गमूल ज्ञात करना–

वैदिक पद्धति से किसी संख्या का वर्गमूल ज्ञात करने की दो विधियाँ हैं–

1. अवलोकन विधि
2. द्वन्द्व–योग विधि

**1. अवलोकन विधि-** सर्वप्रथम दी गयी संख्या के अंकों को दायीं ओर से बिन्दुलगाकर जोड़ा (Pair) बनाते हैं- यथा

225 में एक बिन्दु 5 पर तथा दूसरा बिन्दु सैकड़े के 2 पर लगेगा। दी गयी संख्या के जितने जोड़े बनेंगे, वर्गमूल में उतने ही अंक होंगे। अन्त में केवल एक अंक बचता है, तो उसका भी एक जोड़ा माना जाएगा। जैसा कि पिछले उदाहरण में आया है। इस उदाहरण में दो जोड़े बने हैं, अतः दी गयी संख्या 225 का वर्गमूल दो अंकों का होगा। एक और उदाहरण 1156 का लिया। यहाँ पहला बिन्दु 6 पर तथा दूसरा बिन्दु 1 पर (सैकड़े के 1 पर) लगेगा। इस संख्या में भी दो जोड़े बने हैं, इसलिए इस संख्या $1\dot{1}5\dot{6}$ का वर्गमूल भी दो अंकों का होगा।

एक अन्य उदाहरण 31684 का लें। प्रथम बिन्दु 4 पर, द्वितीय बिन्दु 6 पर तथा तृतीय बिन्दु 3 पर लगेगा। इस संख्या के चूँकि 3 जोड़े बने हैं इसलिए इस संख्या $\dot{3}1\dot{6}8\dot{4}$ के वर्गमूल में तीन अंक होंगे।

दी गयी संख्या के वर्गमूल में अंकों का निर्धारण करने के पश्चात् अवलोकन विधि में हम उसके (वर्गमूल) इकाई के अंक का निर्धारण करते हैं। इकाई के अंक के निर्धारण के लिए निम्नलिखित तालिका है–

| दी गई संख्या का इकाई अंक | वर्गमूल का इकाई अंक |
|---|---|
| 1 | 1 अथवा 9 |
| 4 | 2 अथवा 8 |
| 5 | 5 |
| 6 | 4 अथवा 6 |
| 9 | 3 अथवा 7 |
| 0 (शून्य) | 0 शून्य |

उपर्युक्त तालिका में हम देखते हैं कि 'वर्गमूल के इकाई अंक' वाले स्तम्भ में 0 से लेकर 9 तक के सभी अंक विद्यमान हैं, किन्तु जिस संख्या का हमें वर्गमूल ज्ञात करना है, उस संख्या में इकाई के अंक केवल 1, 4, 5, 6, 9 तथा 0 है। इकाई के अंक में 2, 3, 7 तथा 8 नहीं आता है।

दी गई संख्या के वर्गमूल के इकाई अंक का निर्धारण करने के पश्चात् अगला चरण वर्गमूल भी पूरी संख्या अर्थात् वर्गमूल ज्ञात करना होता है, जिसे हम दी गयी संख्या के निकटतम वर्गों के अवलोकन द्वारा ज्ञात करते हैं।

**उदाहरण–**

(i) 324 का वर्गमूल ज्ञात करना।

**हल** $\overset{g}{3}\,2\,\overset{g}{4}$

1. 324 दो जोड़ों (Pairs) में बँटा है। अतः वर्गमूल में दो अंक होंगे।
2. दी गयी संख्या का इकाई अंक 4 है, अतः दी गई संख्या के वर्गमूल का इकाई अंक 2 अथवा 8 होगा।
3. 324 के निकटतम पूर्ण वर्ग निम्नानुसार हैं।

   $10^2 = 100$ (वर्ग निकालना अत्यन्त सरल है।)

   $15^2 = 225$ (एकाधिकेन पूर्वेण सूत्र द्वारा)

   $20^2 = 400$ (वर्ग निकालना अत्यन्त सरल है।)

दी गयी संख्या 324, संख्या 225 से अधिक तथा 400 से कम है, अतः वर्गमूल 15 तथा 20 के बीच होगा। चूँकि इकाई अंक 2 अथवा 8 है, अतः 15 तथा 20 के बीच की संख्या 18 वर्गमूल होगा।

(ii) 4096 का वर्गमूल ज्ञात करना।

**हल** $4\bar{0}9\bar{6}$

दो जोड़े, अतः दी गयी संख्या के वर्गमूल में दो अंक होंगे।

दी गयी संख्या का इकाई का अंक 6 है, अतः वर्गमूल का इकाई अंक 4 अथवा 6 होगा।

4096 की निकटतम पूर्ण वर्ग संख्याएँ निम्नानुसार हैं–

$60^2 = 3600$

$65^2 = 4225$

$70^2 = 4900$

दी गयी संख्या 4096 संख्या 3600 और 4225 के बीच है। अतः 4096 का वर्गमूल 60 और 65 के बीच होगा। वर्गमूल इकाई का अंक 4 अथवा 6 है, अतः 60 और 65 के बीच वर्गमूल = 64 होगा, जिसका इकाई अंक 4 है।

**टिप्पणी**- उपर्युक्त दोनों उदाहरणों की अवलोकन विधि से व्याख्या (वर्गमूल ज्ञात करने की) यद्यपि लम्बी प्रतीत होती है तथापि अभ्यास से इस प्रकार के प्रश्न आसानी से मौखिक हल किये जा सकते हैं।

(iii) 12769 का वर्गमूल ज्ञात करना।

**हल** $\bar{1}2\bar{7}6\bar{9}$

समूह या जोड़े = 3

वर्गमूल में अंकों की संख्या = 3

दी गयी संख्या का इकाई अंक = 9

वर्गमूल का इकाई अंक, 3 अथवा 7

12769 की निकटतम पूर्ण वर्ग संख्याएँ निम्नानुसार हैं–

$(110)^2 = 12100$

$(115)^2 = 13225$ (एकाधिकेन पूर्वेण सूत्र द्वारा)

$(120)^2 = 14400$

दी गयी संख्या 12769 संख्याओं 12100 तथा 13225 के बीच है। अतः वर्गमूल 110 और 115 के बीच होगा। वर्गमूल का इकाई अंक 3 अथवा 7 है, अतः वर्गमूल 110 और 115 के बीच = 113 उत्तर।

(iv) 210681 का वर्गमूल ज्ञात करना।

**हल** $\overset{g}{2}1\overset{g}{0}6\overset{g}{8}1$

समूह या जोड़े = 3

वर्गमूल में अंकों की संख्या = 3

दी गयी संख्या का इकाई अंक = 1

वर्गमूल का इकाई अंक = 1 अथवा 9

210681 की निकटतम पूर्ण वर्ग संख्याएँ निम्नानुसार हैं–

$(450)^2 = 202500$ (एकधिकेन पूर्वेण सूत्र द्वारा)

$(455)^2 = 207025$ (एकाधिकेन पूर्वेण सूत्र द्वारा)

$(460)^2 = 211600$

दी गयी संख्या 210681 संख्याओं 210681 तथा 207025 के बीच है। अतः वर्गमूल 455 और 460 के बीच होगा। वर्गमूल का इकाई अंक 1 अथवा 9 है, अतः 455 और 460 के बीच वर्गमूल = 459

2. **द्वन्द्व-योग विधि-** वैदिक विधि से वर्गमूल निकालने की विधि प्रचलित भाग विधि से वर्गमूल निकालने की विधि के लगभग समान है। द्वन्द्व-योग विधि से किसी दी गयी संख्या का वर्गमूल किस प्रकार ज्ञात करेंगे, इसकी व्याख्या हम कुछ उदाहरण लेकर करेंगे-

(i) 3136 का वर्गमूल ज्ञात करना।

**हल** $3\overset{g}{1}3\overset{g}{6}$

समूह या जोड़े = 2

वर्गमूल में अंकों की संख्या = 2

द्वन्द्व योग विधि से वर्गमूल का प्रथम अंक प्राप्त करने के लिए भाग विधि की ही तरह वर्ग का पहाड़ा निम्नानुसार पढ़ते हैं–

$1^2 = 1,\ 2^2 = 4,\ 3^2 = 9,\ 4^2 = 16,\ 5^2 = 25,\ 6^2 = 36,$
$7^2 = 49,\ 8^2 = 64,\ 9^2 = 81$

वर्गमूल ज्ञात करने के पूर्व दी गयी संख्या के ऊर्ध्वाधर और क्षैतिज दो रेखाएँ खींचिए।

$$\begin{array}{c|l} & 3\ \overset{g}{1}\ 3\ \overset{g}{6} \\ \hline & \end{array}$$

वर्गमूल का पहला अंक= 5

क्योंकि 5 का वर्ग = 25, 31 से कम है।

6 का वर्ग = 36, 31 से अधिक हो जाता है।

इसे (अंक 5 को) क्षैतिज रेखा के नीचे रखा तथा 31 में से 25 घटाने पर जो शेष 6 बचे, उसे 3 के पूर्व थोड़ा नीचे रखा तथा भाग विधि की तरह भाजक 5 × 2 = 10 को संख्या के बायीं ओर रखा।

$$\begin{array}{c|l} 10 & 3\ \overset{g}{1}_6\ 3\ \overset{g}{6} \\ \hline & 5 \end{array}$$

अब 10 भाजक है तथा 63 भाज्य है। 10 का 63 में भाग देने पर भजनफल 6 प्राप्त हुआ, जिसे क्षैतिज रेखा के नीचे रखते है तथा शेष 3, 6 के पूर्व थोड़ा नीचे रखते हैं।

$$\begin{array}{c|l} 10 & 3\ \overset{g}{1}_6\ 3_3\ \overset{g}{6} \\ \hline & 5\ 6 \end{array}$$

अब अगला भाज्य 36 हुआ। इसमें से वर्गमूल के द्वितीय अंक 6 का वर्ग (द्वन्द्व योग) 36 घटाने पर वास्तविक भाज्य शून्य प्राप्त हुआ। इस वास्तविक भाज्य में 10 का भाग देने पर भागफल शून्य तथा शेष शून्य प्राप्त हुआ। अन्त में शेषफल शून्य आने पर वर्गमूल की प्रक्रिया समाप्त मानी जाती है।

$$\begin{array}{r|l} 10 & 3\,\overset{g}{1}_6\;3_3\;\overset{g}{6} \\ \hline & 5\,6,\;0 \end{array}$$

चूँकि दी गयी संख्या के वर्गमूल में दो अंक होंगे, अतः वर्गमूल = 56 उत्तर

(ii) 186624 का वर्गमूल ज्ञात करना।

**हल** $1\overset{g}{8}6\overset{g}{6}2\overset{g}{4}$

समूहों की संख्या = 3

वर्गमूल में अंकों की संख्या = 3

चूँकि $4^2 < 18 < 5^2$

अतः वर्गमूल का प्रथम अंक = 4

$$\begin{array}{r|l} 8 & 1\,\overset{g}{8}_2\;6_2\;\overset{g}{6}_1\;2\,\overset{g}{4} \\ \hline & 4\;\;3 \end{array}$$

- भाजक = 4 × 2 = 8
- $4^2 = 16$ को 18 में से घटाने पर शेष = 2
- अगला भाज्य = 26, भाजक = 8, भजनफल = 3, शेष = 2
- अगला भाज्य = 26

  इसमें से भजनफल (वर्गमूल के द्वितीय अंक) 3 का द्वन्द्व-योग (वर्ग), 9 घटाने पर वास्तविक भाज्य = 26 − 9 = 17, भाजक = 8, भजनफल = 2, शेष = 1

$$\begin{array}{r|l} 8 & 1\,\overset{g}{8}_2\;6_2\;\overset{g}{6}_1\;2\,\overset{g}{4} \\ \hline & 4\;\;3\;\;2 \end{array}$$

- अगला भाज्य = 12

  इसमें से वर्गमूल के दूसरे और तीसरे अंकों से बनी संख्या 32 का द्वन्द्व योग 2 (3 × 2) = 12 घटाने पर वास्तविक भाज्य = 0, भाजक = 8, भजनफल = 0, शेष = 0

$$\begin{array}{c|l} 8 & 1\ \overset{g}{8}_2\ 6_2\ \overset{g}{6}_1\ 2_0\ \overset{g}{4} \\ \hline & 4\ 3\ 2\ 0 \end{array}$$

- अगला भाज्य = 04

  इसमें से 320 का द्वन्द्व योग 2 (3 × 0) + $2^2$ = 4 घटाने पर वास्तविक भाज्य = 0, भाजक = 8, भजनफल = 0, शेष = 0

$$\begin{array}{c|l} 8 & 1\ \overset{g}{8}_2\ 6_2\ \overset{g}{6}_1\ 2_0\ \overset{g}{4} \\ \hline & 4\ 3\ 2,\ 0\ 0 \end{array}$$

सबसे अन्त में शेषफल शून्य वर्गमूल प्रक्रिया समाप्त

वर्गमूल = 432 (क्योंकि वर्गमूल में 3 अंक होंगे)

(iii) 56169 का वर्गमूल ज्ञात करना।

**हल** $\overset{g}{5}\,6\,\overset{g}{1}\,6\,\overset{g}{9}$

समूहों की संख्या = 3

वर्गमूल में अंकों की संख्या = 3

$2^2 < 5 < 3^2$

अतः वर्गमूल का प्रथम अंक = 2

भाजक = 2 × 2 = 4

$2^2$ = 4 को 5 में से घटाने पर शेष = 1

$$\begin{array}{c|l} 4 & \overset{g}{5}_1\ 6\ \overset{g}{1}\ 6\ \overset{g}{9} \\ \hline & 2 \end{array}$$

- अगला भाज्य = 16

  भाजक = 4

  4 का भाग 16 में देने पर भजनफल 4 एवं शेष शून्य रहता है, किन्तु इस विधि में शेष शून्य तब तक नहीं रहना चाहिए, जब तक

कि वर्गमूल की प्रक्रिया पूरी नहीं हो जाती। अतः भजनफल 4 के स्थान पर 3 तथा शेष 4 रहेगा।

$$\begin{array}{c|l} 4 & \overset{g}{5}_1\ 6_4\ \overset{g}{1}\ 6\ \overset{g}{9} \\ \hline & 2\ \ 3 \end{array}$$

- अगला भाज्य = 41

  41 में से 3 का द्वन्द्व योग = $3^2$ = 9 घटाने पर वास्तविक भाज्य = 32, भाजक = 4, भजनफल = 7, शेषफल = 4

  (पूर्व तर्क के अनुसार)

$$\begin{array}{c|l} 4 & \overset{g}{5}_1\ 6_4\ \overset{g}{1}_4\ 6\ \overset{g}{9} \\ \hline & 2\ \ 3\ \ 7 \end{array}$$

- अगला भाज्य = 46

  46 में से 37 का द्वन्द्व योग 2 (3 × 0) = 42 घटाने पर वास्तविक भाज्य = 4, भजनफल = 0, शेष = 4

  (पूर्व तर्क के अनुसार)

$$\begin{array}{c|l} 4 & \overset{g}{5}_1\ 6_4\ \overset{g}{1}_4\ 6_4\ \overset{g}{9} \\ \hline & 2\ \ 3\ \ 7\ \ 0 \end{array}$$

- अगला भाज्य = 49

  49 में से 370 का द्वन्द्व योग 2 (3 × 0) + $7^2$ = 49 घटाने पर वास्तविक भाज्य = 0, भजनफल = 0, शेषफल = 0

  सबसे अन्त में शेषफल = 0

  अतः वर्गमूल प्रक्रिया समाप्त। वर्गमूल = 237

$$\begin{array}{c|l} 4 & \overset{g}{5}_1\ 6_4\ \overset{g}{1}_4\ 6_4\ \overset{g}{9} \\ \hline & 2\ \ 3\ \ 7\ \ 0\ \ 0 \end{array}$$

(वर्गमूल में तीन अंक होंगे, इसका निर्धारण पूर्व में ही हो चुका है।)

(iv) 710619 का वर्गमूल ज्ञात करना।

**हल** $7\overset{g}{1}0\overset{g}{6}4\overset{g}{9}$

समूहों की संख्या = 3

वर्गमूल में अंकों की संख्या = 3

$8^2 < 71 < 9^2$

अतः वर्गमूल का प्रथम अंक = 8

भाजक = 8 × 2 = 16

$8^2 = 64$ को 71 में से घटाने पर शेष = 7

$$\begin{array}{r|l} 16 & 7\,\overset{g}{1}_7\,0\,\overset{g}{6}\,4\,\overset{g}{9} \\ \hline & 8 \end{array}$$

- अगला भाज्य = 70

  भाजक = 16, भजनफल = 4, शेष = 6

$$\begin{array}{r|l} 16 & 7\,\overset{g}{1}_7\,0_6\,\overset{g}{6}\,4\,\overset{g}{9} \\ \hline & 8\;4 \end{array}$$

- अगला भाज्य = 66

  66 में से 4 का द्वन्द्व योग 16 घटाने पर वास्तविक भाज्य = 50, भाजक = 16, भजनफल = 3, शेष = 2

$$\begin{array}{r|l} 16 & 7\,\overset{g}{1}_7\,0_6\,\overset{g}{6}_2\,4\,\overset{g}{9} \\ \hline & 8\;4\;3 \end{array}$$

- अगला भाज्य = 24

  24 में से 43 का द्वन्द्व योग 2 (4×3) = 24 घटाने पर वास्तविक भाज्य = 0, भजनफल = 0, शेष = 0

$$\begin{array}{r|l} 16 & 7\,\overset{g}{1}_7\,0_6\,\overset{g}{6}_2\,4_0\,\overset{g}{9} \\ \hline & 8\;4\;3\;0 \end{array}$$

- अगला भाज्य = 9

  9 में से 430 का द्वन्द्व योग 2 (4×0) + $3^2$ = 9 घटाने पर वास्तविक भाज्य = 0, भजनफल = 0, शेष = 0

  अन्त में शेष शून्य, वर्गमूल प्रक्रिया समाप्त

  वर्गमूल = 843

$$\begin{array}{r|l} 16 & 7\,\overset{g}{1}_7\,0_6\,\overset{g}{6}_2\,4_0\,\overset{g}{9} \\ \hline & 8\;4\;3\;0\;0 \end{array}$$

## प्रश्नावली-7

निम्नलिखित संख्याओं के वर्गमूल ज्ञात करना।

| | | |
|---|---|---|
| 1. 9409 | 2. 99225 | 3. 2809 |
| 4. 994009 | 5. 11025 | 6. 6561 |
| 7. 514089 | 8. 7225 | 9. 657721 |
| 10. 9216 | 11. 1044484 | 12. 2304 |
| 13. 976144 | 14. 5625 | 15. 12321 |
| 16. 69089344 | 17. 908036 | 18. 9030025 |
| 19. 636804 | 20. 8640 | 21. 103684 |
| 22. 18636489 | 23. 984064 | 24. 1006009 |
| 25. 442225 | 26. 1234321 | 27. 38675961 |

---

## उत्तरमाला

| | | |
|---|---|---|
| 1. 97 | 2. 315 | 3. 53 |
| 4. 997 | 5. 105 | 6. 81 |
| 7. 717 | 8. 85 | 9. 811 |
| 10. 96 | 11. 1022 | 12. 48 |
| 13. 988 | 14. 75 | 15. 111 |
| 16. 8312 | 17. 994 | 18. 3005 |
| 19. 798 | 20. 93 | 21. 322 |
| 22. 4317 | 23. 992 | 24. 1003 |
| 25. 665 | 26. 1111 | 27. 6219 |
| 28. 102 | 29. 3274 | 30. 1002 |

❖❖❖

8

# घन

# Cube

**8.1 विशेष-प्रवेश–** जब किसी संख्या को उसी संख्या से तीन बार गुणा किया जाता है, तो इस प्रकार गुणा करने पर हमें जो संख्या प्राप्त होती है, वह संख्या उस दी गयी संख्या का 'घन' (Cube) कहलाता है। जैसे- 3 को तीन बार उसे गुणा करने पर $3 \times 3 \times 3 = 27$ प्राप्त होते है। यह संख्या 27 संख्या 3 का घन है। अर्थात् $3^3 = 27$

प्रथम दस प्राकृत संख्याओं के घन निम्नानुसार है–

$1^3 = 1 \times 1 \times 1 = 1$ $\quad 2^3 = 2 \times 2 \times 2 = 8$

$3^3 = 3 \times 3 \times 3 = 27$ $\quad 4^3 = 4 \times 4 \times 4 = 64$

$5^3 = 5 \times 5 \times 5 = 125$ $\quad 6^3 = 6 \times 6 \times 6 = 216$

$7^3 = 7 \times 7 \times 7 = 343$ $\quad 8^3 = 8 \times 8 \times 8 = 512$

$9^3 = 9 \times 9 \times 9 = 729$ $\quad 10^3 = 10 \times 10 \times 10 = 1000$

किसी संख्या का घन ज्ञात करने की प्रचलित विधि गुणा करने की है। जिस संख्या का हमें घन निकालना होता है, उस संख्या का उसी संख्या में 3 बार गुणा करते है। घन निकालने की प्रचलित विधि वैदिक

विधि की अपेक्षा जटिल एवं समय अधिक लेने वाली है, जबकि वैदिक सूत्रों की सहायता से किसी संख्या का घन शीघ्रता और सरलता से ज्ञात किया जा सकता है। वैदिक विधि से घन निकालने के लिए चार सूत्र अत्यन्त महत्त्वपूर्ण है–

1. अनुरूप्येण   2. निखिलम्
3. एकाधिकेन पूर्वेण   4. यावदूनम्

**8.2 घन ज्ञात करने की अनुरूप्येण विधि–** 'अनुरूप्येण' का शाब्दिक अर्थ है– 'आनुपातिक'। इस विधि से किसी संख्या का घन ज्ञात करने के लिए निम्नलिखित प्रक्रिया है–

**चरण–1** पहले अंक के घन से आरम्भ करके दूसरे अंक के घन पर समाप्त कर एक गुणोत्तर श्रेणी बनाते हैं, जिसका सर्व-अनुपात दी गयी संख्या के दूसरे और पहले अंक का अनुपात होता है।

**चरण–2** इस प्रकार बनी गुणोत्तर श्रेणी के दूसरे और तीसरे पद के नीचे उस की दुगुनी संख्या लिखते हैं।

**चरण–3** गुणोत्तर श्रेणी के चारों पदों एवं चरण–2 से प्राप्त दो पदों का एक विशेष प्रकार से योगफल ज्ञात करते हैं।

**उदाहरण–** (i) 12 का घन ज्ञात करना।

**हल** पहले अंक का घन $= 1^3 = 1 \times 1 \times 1 = 1$

**चरण–1** सार्वअनुपात $= \dfrac{\text{संख्या का दूसरा अंक (इकाई अंक)}}{\text{संख्या का पहला अंक (दहाई अंक)}}$

$= \dfrac{2}{1} = 2$

गुणोत्तर श्रेणी = 1, 2, 4, 8

**टिप्पणी**– गुणोत्तर श्रेणी का पहला पद $= 1^3 = 1$
दूसरा पद = पहला पद $\times$ सार्वअनुपात $= 1 \times 2 = 2$
तीसरा पद = दूसरा पद $\times$ सार्वअनुपात $= 2 \times 2 = 4$
चौथा पद = तीसरा पद $\times$ सार्वअनुपात $= 2 \times 2 \times 2 = 8$
अतः गुणोत्तर श्रेणी = 1, 2, 4, 8

**चरण-2** दूसरे और तीसरे पद का दुगुना क्रमशः 4 तथा 8 है। श्रेणी के द्वितीय तथा तृतीय पद में उसी का दुगुना जोड़ने पर–

**चरण-3**
$$\begin{array}{cccc} 1 & 2 & 4 & 8 \\ & 4 & 8 & \\ \hline 1 & 7 & 2 & 8 \end{array}$$

अतः $(12)^3 = 1728$ उत्तर।

**उदाहरण**– (ii) 16 का घन ज्ञात करना।

**हल** पहले अंक का घन $= 1^3 = 1 \times 1 \times 1 = 1$

सार्व-अनुपात $= \frac{6}{1} = 6$

गुणोत्तर श्रेणी 1, 6, 36, 216

पहला पद = 1

दूसरा पद $= 1 \times 6 = 6$

तीसरा पद $= 6 \times 6 = 36$

चौथा पद $= 36 \times 6 = 216$

अतः गुणोत्तर श्रेणी = 1, 6, 36, 216

इस गुणोत्तर श्रेणी द्वितीय तथा तृतीय पद में इसी श्रेणी के द्वितीय तथा तृतीय पद के दुगुने निम्नानुसार जोड़ा–

$$\begin{array}{rrrr} 1 & 6 & 36 & 216 \\ + & 12 & 72 & \\ \hline 4 & 0 & 9 & 6 \end{array}$$

दायें से प्रथम अंक = 6

दायें से द्वितीय अंक ज्ञात करना = 21+36+72 = 129

अतः द्वितीय अंक = 9

दायें से तृतीय अंक ज्ञात करना = 12+6+12 = 30

अतः तृतीय अंक = 0

चतुर्थ एवं अंतिम अंक = 3+1 = 4

अर्थात् $(16)^3 = 4096$ उत्तर

**उदाहरण–** (iii) 25 का घन ज्ञात करना।

**हल** पहले अंक का घन $= 2^3 = 2 \times 2 \times 2 = 8$

सार्व-अनुपात $= \frac{5}{2}$

द्वितीय पद $= 8 \times \frac{5}{2} = 20$

तृतीय पद $= 20 \times \frac{5}{2} = 50$

चतुर्थ पद $= 50 \times \frac{5}{2} = 125$ (अन्तिम अंक $5^3 = 125$)

अतः गुणोत्तर श्रेणी = 8, 20, 50, 125

द्वितीय और तृतीय पद के नीचे उसका दुगुना लिखकर ऊपर और नीचे के पदों को निम्नानुसार जोड़ा–

$$\begin{array}{rrrr} 8 & 20 & 50 & 125 \\ & 40 & 100 & \\ \hline 15 & 6 & 2 & 5 \end{array}$$

दायें से प्रथम अंक $= 5$

दायें से द्वितीय अंक ज्ञात करना, $12+50+100 = 162$,

162 का 2, हासिल $= 16$, अतः द्वितीय अंक $= 2$

दायें से तृतीय अंक ज्ञात करना $= 16+20+40 = 76$

76 के 6 हासिल $= 7$, अतः तृतीय अंक $= 6$

दायें से चतुर्थ अंक $= 7 + 8 = 15$

अतः $(25)^3 = 15625$ उत्तर।

**उदाहरण–** (iv) 48 का घन ज्ञात करना।

**हल** पहले अंक 4 का घन $= 4^3 = 4 \times 4 \times 4 = 64$

सार्व-अनुपात $= 8 : 4 = \frac{8}{4} = 2$

प्रथम पद $= 64$

द्वितीय पद $= 64 \times 2 = 128$

तृतीय पद $= 128 \times 2 = 256$

चतुर्थ पद $= 256 \times 2 = 512 =$ (अन्तिम अंक)$^3$

अतः गुणोत्तर श्रेणी $= 64, 128, 256, 512$

द्वितीय और तृतीय पद के नीचे उसका दुगुना लिखकर ऊपर और नीचे के पदों को निम्नानुसार जोड़ा–

$$\begin{array}{rrrrr} & 64 & 128 & 256 & 512 \\ + & & 256 & 512 & \\ \hline & 110 & 5 & 9 & 2 \end{array}$$

दायें से प्रथम अंक $= 2$. (512 का 2 हासिल 51)

दायें से द्वितीय अंक ज्ञात करना $= 51+256+512 = 819$

819 का 9 हासिल $= 81$, अतः द्वितीय अंक $= 9$

दायें से तृतीय अंक ज्ञात करना $= 81+128+256 = 465$

465 का 5 हासिल $= 46$, अतः तृतीय अंक $= 5$

अन्तिम संख्या ज्ञात करना = 46 + 64 = 110

अन्तिम अंक = 110

अतः 48 का घन = $(48)^3$ = 110592 उत्तर

**उदाहरण–** (v) 41 का घन ज्ञात करना।

**हल** पहले अंक का घन = $4^3 = 4 \times 4 \times 4 = 64$

सार्व-अनुपात = $1 : 4 = \frac{1}{4}$

द्वितीय पद = $64 \times \frac{1}{4} = 16$

तृतीय पद = $16 \times \frac{1}{4} = 4$

चतुर्थ पद = $4 \times \frac{1}{4} = 1$ = (अन्तिम अंक)$^3$

अतः गुणोत्तर श्रेणी = 64, 16, 4, 1

द्वितीय और तृतीय पद के नीचे उसका दुगुना लिखकर निम्नानुसार जोड़ा–

$$\begin{array}{rrrr} 64 & 16 & 4 & 1 \\ + & 32 & 8 & \\ \hline 68 & 9 & 2 & 1 \end{array}$$

दायें से प्रथम अंक = 1

दायें से द्वितीय अंक ज्ञात करना, 4+8 = 12

12 का 2 हासिल = 1, अतः द्वितीय अंक = 2

दायें से तृतीय अंक ज्ञात करना = 1+16+32 = 49

49 का 9 हासिल = 4, अतः तृतीय अंक = 9

अन्तिम संख्या = 4 + 64 = 68

अतः $(41)^3$ = 68921

**उदाहरण–** (vi) 63 का घन ज्ञात करना।

**हल** पहले अंक 6 का घन $= 6^3 = 6 \times 6 \times 6 = 216$

सार्व-अनुपात $= 3 : 6 = \frac{3}{6} = \frac{1}{2}$

प्रथम पद $= 216$

द्वितीय पद $= 216 \times \frac{1}{2} = 108$

तृतीय पद $= 108 \times \frac{1}{2} = 54$

चतुर्थ पद $= 54 \times \frac{1}{2} = 27 = 3^3$ (अन्तिम अंक)$^3$

अतः गुणोत्तर श्रेणी = 216, 108, 54, 27

द्वितीय और तृतीय पद के नीचे उसका दुगुना लिखकर निम्नानुसार जोड़ा–

| | 216 | 108 | 54 | 27 |
|---|---|---|---|---|
| + | | 216 | 108 | |
| | 250 | 0 | 4 | 7 |

दायें से प्रथम अंक 27 का 7 हासिल 2 अर्थात् प्रथम अंक 7
दायें से द्वितीय अंक ज्ञात करना, 2+54+108 = 164,
164 का 4, हासिल = 16, अतः द्वितीय अंक = 4,
दायें से तृतीय अंक ज्ञात करना, 16+108+216 = 340,
340 का 0, हासिल = 34, अतः तृतीय अंक = 0,
दाये से अन्तिम संख्या ज्ञात करना, 34 + 216 = 250
अतः $(63)^3 = 250047$

उपर्युक्त उदाहरणों से हम देखते हैं कि अनुरूप्येण विधि द्वारा केवल दो अंक की संख्या का घन ज्ञात किया जा सकता है। तीन अंक

की संख्या का घन ज्ञात करने के लिए हमें संख्या के अन्तिम दो अंकों को एक अंक अथवा एक पद मानना होगा। शेष प्रक्रिया यथावत रहेगी।

**उदाहरण–** (i) 211 का घन ज्ञात करना।

**हल** इस उदाहरण में हमें 2 को प्रथम अंक एवं 11 को द्वितीय अंक मानना होगा।

प्रथम अंक 2 का घन $= 2^3 = 2 \times 2 \times 2 = 8$

सार्व-अन्तर $= 11 : 2 = \frac{11}{2}$

द्वितीय पद $= 8 \times \frac{11}{2} = 44$

तृतीय पद $= 44 \times \frac{11}{2} = 242$

चतुर्थ पद $= 242 \times \frac{11}{2} = 1331 = (11)^3 =$ (अन्तिम अंक)$^3$

(11 को एक ही अंक अन्तिम अंक माना गया है।)

अतः गुणोत्तर श्रेणी = 8, 44, 242, 1331

द्वितीय और तृतीय पद के नीचे उसका दुगुना लिखकर निम्नानुसार जोड़ा–

$$\begin{array}{rrrrr} & 8 & 44 & 242 & 1331 \\ + & & 88 & 484 & \\ \hline & 9 & 39 & 39 & 31 \end{array}$$

> **टिप्पणी–** इस उदाहरण में 11 को एक अंक माना गया है, अतः योग प्रक्रिया पिछले उदाहरणों से भिन्न होगी। इस उदाहरण में दो-दो अंकों को एक अंक मानना होगा।

दायें से प्रथम संख्या = 31 (1331 का 31 हासिल = 13)

अगले दो अंक (बायीं ओर) ज्ञात करना, 13+242+484 =739

739 का 39 हासिल = 7

अगले दो अंक (बायीं ओर) = 39

पुनः अगले दो अंक (बायीं ओर) ज्ञात करना, 7+ 44+88 = 139,

139 का 39, हासिल = 1

अन्तिम अंक ज्ञात करना = 1 + 8 = 9

अतः $(211)^3 = 9393931$ उत्तर।

**8.3 घन ज्ञात करने की निखिलं विधि–** निखिलं विधि से घन ज्ञात करने से पूर्व हमें आधार, उप-आधार तथा आधार से विचलन के बारे में जान लेना आवश्यक है।

- यदि हमें 13 का घन ज्ञात करना है, तो–

  आधार = 10

  विचलन = 13 – 10 = 3

- यदि हमें 24 का घन ज्ञात करना है, तो–

  24 = 2 × 10 + 4

  आधार = 10

  उप-आधार = 2

  विचलन = 4

- यदि हमें 103 का घन ज्ञात करना है, तो–

  आधार = 100

  विचलन = 103 – 100 = 3

  उप-आधार की आवश्यकता नहीं।

- यदि हमें 96 का घन ज्ञात करना है, तो–

  आधार = 100

  विचलन = 96 – 100 = –4

  उप-आधार की आवश्यकता नहीं।

- यदि हमें 313 का घन ज्ञात करना है, तो–

$313 = 3 \times 100 + 13$

अतः आधार = 100

उप-आधार = 3

विचलन = 13

निखिलं विधि से घन ज्ञात करने की प्रक्रिया निम्नानुसार है–
आधार, उपआधार (यदि आवश्यक हो) तथा विचलन ज्ञात कीजिए–
निम्नलिखित तीन सूत्रों की सहायता से तीन पद ज्ञात कीजिए–

1. **प्रथम पद** = (उप-आधार)$^2$ (संख्या जिसका घन ज्ञात करना है + 2 × विचलन)
2. **द्वितीय पद** = उप-आधार {3 × (विचलन)$^2$}
3. **तृतीय पद** = (विचलन)3

उपर्युक्त तीनों पदों को निखिलं विधि से जोड़िए।

**उदाहरण–** (i) 12 का घन ज्ञात करना।

**हल** आधार = 10

विचलन = 12 – 10 = 2 (उप-आधार की आवश्यकता नहीं)

अतः $(12)^3 = (12 + 2 \times 2) \;/\; 3 \times (2)^2 \;/\; (2)^3$

$= 16 \;/\; 12 \;/\; 8$

(+)

= 1728 उत्तर।

**उदाहरण–** (ii) 46 का घन ज्ञात करना।

**हल** $46 = 4 \times 10 + 6$

आधार = 10

उप-आधार = 4

विचलन = 6

अतः $(46)^3 = (4)^2\{46+2\times(6)\} \;/\; 4\{3\times(6)^2\} \;/\; (6)^3$

प्रथम पद द्वितीय पद तृतीय पद

$= 16 \times 58 \;/\; 4 \times 108 \;/\; 216$

$= 928 \ / \ 432 \ / \ 216$

$= 97336$ उत्तर।

**उदाहरण–** (iii) 97 का घन ज्ञात करना।

**हल** आधार = 100

विचलन = 97 – 100 = –3

उप-आधार की आवश्यकता नहीं।

$(97)^3 = \{97+2\times(-3)\} \ / \ \{3\times(-3)^2\} \ / \ (-3)^3$

प्रथम पद   द्वितीय पद   तृतीय पद

$= (97-6) \ / \ 3\times 9 \ / \ -27$

$= 91 \ / \ 27 \ / \ -27$

$= 91 \ / \ 26 \ / \ (100-27)$

$= 91 \ / \ 26 \ / \ 73$

$= 912673$ उत्तर

> **टिप्पणी–** आधार 100 है, अतः तृतीय पद –27 को घन चिह्न में बदलने पर द्वितीय पद में से एक लेंगे इस प्रकार द्वितीय पद में 26 रह जायेंगे और तृतीय पद = 100 – 27 = 73

**उदाहरण–** (iv) 102 का घन ज्ञात करना।

**हल** आधार = 100

विचलन = 102 – 100 = 2

$(102)^3 = \{102+2\times2\} \ / \ 3\times2^2 \ / \ (2)^3$

$= 106 \ / \ 12 \ / \ 8$

$= 106 \ / \ 12 \ / \ 08$   (आधार = 100)

$= 1061208$ उत्तर।

**उदाहरण–** (v) 295 का घन ज्ञात करना।

**हल** $295 = 3\times100-5$

आधार = 100

उप-आधार = 3

विचलन = –5

$(295)^3 = (3)^2\{295+2\times(-5)\} \ / \ 3\{3\times(-5)^2\} \ / \ (-5)^3$

$= 9 \times (285) / 3 \times (75) / -125$

$= 2565 / 225 / -125$

$= 2565 / 223 / (200 - 125)$

$= 2565 / 223 / 75$

$= 25672375$ उत्तर।

**टिप्पणी–** –125 को धनात्मक बनाने के लिये 225 में से 2 सैकड़ा लिये अतः 225 के स्थान पर 223 रहे। 2 सैकड़ा = 200, 200 – 125 = 75

**8.4 घन ज्ञात करने की एकाधिकेन पूर्वेण विधि–** एकाधिकेन पूर्वेण सूत्र द्वारा किसी संख्या का घन निकालने की प्रक्रिया समझने के पूर्व यह जान लेना आवश्यक है कि इस विधि में विचलन किस प्रकार ज्ञात किया जाता है। क्योंकि इस विधि में विचलन ज्ञात करने की विधि अन्य विधियों से भिन्न है। इस विधि में विचलन ज्ञात करने का निम्नलिखित सूत्र है–

विचलन = 3 × इकाई का अंक – 10

शेष प्रक्रिया निम्नानुसार है–

प्रथम पद = दहाई अंक का वर्ग × दहाई अंक का एकाधिकेन

द्वितीय पद = दहाई अंक का वर्ग × विचलन

तृतीय पद = 3 × दहाई अंक × इकाई अंक का वर्ग

चतुर्थ पद = इकाई अंक का घन

इन चारों पदों को विशेष प्रकार से जोड़ने पर दी गयी संख्या का घन प्राप्त होता है।

उपर्युक्त चार सूत्रों के आधार पर हम यह भी कह सकते हैं कि यह विधि केवल दो अंकों की संख्या का घन ज्ञात करने के लिए ही प्रयुक्त की जा सकती है।

**उदाहरण–** (i) 24 का घन ज्ञात करना।

**हल** विचलन = 3 × इकाई का अंक –10

$= 3 \times 4 - 10 = 2$

प्रथम पद $= (2)^2 \times (2+1) = 4 \times 3 = 12$

द्वितीय पद $= (2)^2 \times 2 = 4 \times 2 = 8$

तृतीय पद $= 3 \times 2 \times 4^2 = 6 \times 16 = 96$

चतुर्थ पद = इकाई अंक का घन $= 4^3 = 64$

अतः $(24)^3 = 12 / 08 / 96 / 64$

$= 13824$

**टिप्पणी–** घन का मान दायें से अर्थात् इकाई अंक से रखना प्रारम्भ करते हुए बायें ओर को बढ़ते चले आते हैं।

दायें से प्रथम अंक $= 4$

द्वितीय अंक $= 2$ $(6 + 6 = 12$, 12 का 2 हासिल $= 1)$

तृतीय अंक $= 8$ $(1 + 9 + 8 = 18$, 18 का 8 हासिल $= 1)$

चतुर्थ अंक $= 3$ $(1 + 2 = 3)$

पंचम अंक $= 1$

इस प्रकार $(24)^3 = 13824$

**उदाहरण–** (ii) 64 का घन ज्ञात करना।

**हल** विचलन $= 4 \times 3 - 10 = 2$

प्रथम पद $= (6)^2 \times (6+1) = 36 \times 7 = 252$

द्वितीय पद $= (6)^2 \times 2 = 36 \times 2 = 72$

तृतीय पद $= 3 \times 6 \times 4^2 = 18 \times 16 = 288$

चतुर्थ पद $= 4^3 = 4 \times 4 \times 4 = 64$

अतः $(64)^3 = 252 / 72 / 288 / 64$

$= 262144$ उत्तर।

**उदाहरण–** (iii) 73 का घन ज्ञात करना।

**हल** विचलन $= 3 \times 3 - 10 = -1$

प्रथम पद $= (7)^2 \times (7+1) = 49 \times 8 = 392$

द्वितीय पद $= (7)^2 \times (-1) = 49 \times (-1) = -49$

तृतीय पद $= 3 \times 7 \times (3)^2 = 21 \times 9 = 189$

चतुर्थ पद $= (3)^3 = 3 \times 3 \times 3 = 27$

अत: $(73)^3 = 392 \ / \ -49 \ / \ 189 \ / \ 27$

$= (392 - 5) \ / \ (50 - 49) \ / \ 189 \ / \ 27$

$= 387 \ / \ 01 \ / \ 189 \ / \ 27$

$= 389017$ उत्तर।

**टिप्पणी–** –49 को घन में बदलने के लिए 392 में 5 कम किये जिनका मूल = 50 है तथा इस 50 को द्वितीय पद के साथ रखा अर्थात् $50 - 49 = 01$

यद्यपि यह सूत्र केवल दो अंकों की संख्या का घन ज्ञात करने के लिए प्रयुक्त किया जा सकता है, तथापि हम विशेष युक्ति से इस सूत्र की सहायता से तीन अंकों की संख्या का घन ज्ञात करेंगे।

**उदाहरण–** (iv) 116 का घन ज्ञात करना।

**हल** हम जानते है कि घन निकालने के लिए जिन चार सूत्रों की आवश्यकता होती है, जिनसे चार पद निकाले जाते हैं, उनमें केवल दहाई अंक और इकाई अंक का उल्लेख है। सुविधा के लिए यहाँ 116 में 6 को हम इकाई अंक तथा 11 को दहाई अंक मानकर चलेंगे–

विचलन $= 3 \times 6 - 10 = 18 - 10 = 8$

प्रथम पद $= (11)^2 \times (11 + 1) = 121 \times 12 = 1452$

द्वितीय पद $= (11)^2 \times 8 = 121 \times 8 = 968$

तृतीय पद $= 3 \times 11 \times (6)^2 = 33 \times 36 = 1188$

चतुर्थ पद $= (6)^3 = 6 \times 6 \times 6 = 216$

अत: $(116)^3 = 1452 \ / \ 968 \ / \ 1188 \ / \ 216$

+ + +

$= 1560896$ उत्तर

घन ज्ञात करने के लिए एक मनोरंजक उदाहरण जिसका घन मौखिक ज्ञात किया जा सकता है।

**उदाहरण–** 100 का घन ज्ञात करना।

**हल** हम जानते हैं कि 100 का घन 1000000 होता है। इस सूत्र की सहायता से जो केवल दो अंकों की संख्या के लिए प्रयुक्त होता है, हम 100 का घन किस प्रकार ज्ञात करेंगे।

हमने सुविधा के लिए 100 में 0 को इकाई अंक तथा 10 को एक दहाई अंक माना।

विचलन $= 3 \times 0 - 10 = -10$

प्रथम पद $= (10)^2 \times (10+1) = 100 \times 11 = 1100$

द्वितीय पद $= (10)^2 \times -10 = 100 \times -10 = -1000$

तृतीय पद $= 3 \times 10 \times (0)^2 = 30 \times 0 = 0$

चतुर्थ पद $= 0^3 = 0$

अतः $(100)^3 = 1100 \ / \ -1000 \ / \ 0 \ / \ 0$

$= 1000 \ / \ (1000 - 1000) \ / \ 0 \ / \ 0$

$= 1000 \ / \ 0 \ / \ 0 \ / \ 0$

$= 1000000$ उत्तर।

> **टिप्पणी–** –1000 का ऋणात्मक चिन्ह हटाने के लिए 100 बायें से लिया जिनका मान 1000 है।
> अतः प्रथम पद $= 1100 - 100 = 1000$
> द्वितीय पद $= 1000 - 1000 = 0$

## 8.5 यावद्नम विधि से किसी संख्या का घन ज्ञात करना–

यावद्नम विधि से किसी संख्या का घन ज्ञात करने के लिए सूत्र को तीन भागों में बाँटा गया है, जो निम्नलिखित है–

**प्रथम भाग** = संख्या जिसका घन ज्ञात करना है × 2 × आधार से न्यूनता / आधिक्य

**द्वितीय भाग** = नवीन आधिक्य / न्यूनता × मूल न्यूनता / आधिक्य

**तृतीय भाग** = मूल न्यूनता / आधिक्य का घन

कुछ उदाहरणों द्वारा हम इस सूत्र को स्पष्ट करेंगे–

**उदाहरण–** (i) 16 का घन ज्ञात करना।

**हल** $16 = 10 + 6$

मूल अधिकता $= 6$

आधार $= 10$

प्रथम भाग $= 16 + 2 \times 6 = 16 + 12 = 28$

द्वितीय भाग = नवीन अधिकता × मूल अधिकता

$= (28 - 10) \times 6 = 18 \times 6 = 108$

तृतीय भाग = (मूल अधिकता)$^3$ $= (6)^3 = 6 \times 6 \times 6 = 216$

अतः $(16)^3$ = प्रथम भाग / द्वितीय भाग / तृतीय भाग

$= 28 / 108 / 216$

$= 4096$ उत्तर।

> **टिप्पणी–** –इस प्रकार जोड़े, 28 / 108 / 216, दायें से प्रारम्भ करें। 216 की 6 हासिल 21, 21 + 8 = 29, 29 की 9 हासिल 2, 2 + 10 + 8 = 20, 20 का 0 हासिल 2, 2 + 2 = 4

**उदाहरण–** (ii) 102 का घन ज्ञात करना।

**हल** $102 = 100 + 2$

मूल अधिकता $= 2$

प्रथम भाग $= 102 + 2 \times 2 = 102 + 4 = 106$

द्वितीय भाग = नवीन अधिकता × मूल अधिकता

$= (106 - 100) \times 2 = 6 \times 2 = 12$

तृतीय भाग = (मूल अधिकता)$^3$ $= (2)^3 = 2 \times 2 \times 2 = 08$

अतः $(102)^3 = 106 / 12 / 08$

$= 1061208$ उत्तर।

**उदाहरण–** (iii) 112 का घन ज्ञात करना।

**हल** $112 = 100 + 12$

मूल अधिकता $= 12$

प्रथम भाग $= 112 + 2 \times 12 = 112 + 24 = 136$

द्वितीय भाग = (136 − 100) × 12 = 36 × 12 = 432

तृतीय भाग = $(12)^3$ = 12 × 12 × 12 = 1728

अतः $(112)^3$ = 136 / 432 / 1728

+ +

= 1404928 उत्तर।

**उदाहरण–** (iv) 96 का घन ज्ञात करना।

**हल** 96 = 100 − 4

मूल न्यूनता = −4

प्रथम भाग = 96 × 2 × (−4) = 96 − 8 = 88

द्वितीय भाग = नवीन न्यूनता × मूल न्यूनता

= (88 − 100) × (−4) = −12 × −4 = 48

तृतीय भाग = $(-4)^3$ = −64

अतः $(96)^3$ = 88 / 48 / −64

= 88 / (48 − 1) / 100 − 64

= 884736 उत्तर।

**उदाहरण–** (v) 98 का घन ज्ञात करना।

**हल** 98 = 100 − 2

मूल न्यूनता = −2

प्रथम भाग = 98 × 2 × (−2) = 98 − 4 = 94

द्वितीय भाग = (94 − 100) × (−2) = −6 × −2 = 12

तृतीय भाग = $(-2)^3$ = −8

अतः $(98)^3$ = 94 / 12 / −8

= 94 / 11 / 92

= 941192 उत्तर

# प्रश्नावली-8

**निम्नलिखित संख्याओं के घनफल (Cube) ज्ञात करो।**

| | | |
|---|---|---|
| 1. 23 | 2. 18 | 3. 56 |
| 4. 87 | 5. 38 | 6. 76 |
| 7. 47 | 8. 69 | 9. 81 |
| 10. 99 | 11. 105 | 12. 326 |
| 13. 811 | 14. 215 | 15. 412 |
| 16. 618 | 17. 516 | 18. 727 |
| 19. 813 | 20. 905 | |

---

# उत्तरमाला

| | | |
|---|---|---|
| 1. 12167 | 2. 5832 | 3. 175616 |
| 4. 658503 | 5. 54872 | 6. 438976 |
| 7. 103823 | 8. 328509 | 9. 531441 |
| 10. 970299 | 11. 1157625 | 12. 34645976 |
| 13. 533411731 | 14. 9938375 | 15. 69934528 |
| 16. 236029032 | 17. 137388096 | 18. 384240583 |
| 19. 537367797 | 20. 741217625 | |

❖❖❖

9

# घनमूल
## Cube Root

9.1 **विशेष-प्रवेश–** किसी संख्या का घनमूल वह संख्या है, जिसका आपस में (स्वयं का स्वयं में) तीन बार गुणा करने पर दी हुई संख्या (मूल संख्या) प्राप्त होती है। उदाहरण के लिए 216 का घनमूल 6 है अर्थात् 6 वह संख्या है, जिसका आपस में तीन बार (अर्थात् $6 \times 6 \times 6$) गुणा करने पर 216 प्राप्त होंगे। यहाँ संख्या 216 का घनमूल 6 है।

**पूर्ण घन संख्याएँ–** वे संख्याएँ जिनका घनमूल पूर्णांक संख्या में प्राप्त होता है, 'पूर्ण घन संख्याएँ' कहलाती हैं। जैसे– 64, 125, 216, 343 आदि पूर्ण घन संख्याएँ हैं। जिनके घनमूल क्रमशः 4, 5, 6 तथा 7 है, जो कि सभी पूर्ण संख्याएँ हैं। घनमूल के प्रश्न हल करने से पूर्व निम्नलिखित सारणी को कण्ठस्थ करना आवश्यक है–

| **सारिणी** | | | | | | | | | |
|---|---|---|---|---|---|---|---|---|---|
| **घन** | 1 | 8 | 27 | 64 | 125 | 216 | 343 | 512 | 729 |
| **घनमूल** | 1 | 2 | 3 | 4 | 5 | 6 | 7 | 8 | 9 |

उपर्युक्त सारिणी में हम किसी संख्या के इकाई अंक तथा उसके घनमूल के इकाई अंक में निम्नलिखित सम्बन्ध देखते हैं–

घन का इकाई अंक 1, घनमूल का इकाई अंक 1

घन का इकाई अंक 2, घनमूल का इकाई अंक 8

घन का इकाई अंक 3, घनमूल का इकाई अंक 7

घन का इकाई अंक 4, घनमूल का इकाई अंक 4

घन का इकाई अंक 5, घनमूल का इकाई अंक 5

घन का इकाई अंक 6, घनमूल का इकाई अंक 6

घन का इकाई अंक 7, घनमूल का इकाई अंक 3

घन का इकाई अंक 8, घनमूल का इकाई अंक 2

घन का इकाई अंक 9, घनमूल का इकाई अंक 9

अर्थात् 1, 4, 5, 6 तथां 9 के घनों के इकाई अंक क्रमशः 1, 4, 5, 6 तथा 9 ही हैं तथा 2, 3, 7 तथा 8 के घन के इकाई अंक क्रमशः 8, 7, 3, तथा 2 हैं, अर्थात् ये अंक एक दूसरे के पूरक हैं।

**9.2 किसी दी हुई पूर्ण घन संख्या का घनमूल ज्ञात करना–** किसी दी हुई पूर्ण घन संख्या का घनमूल ज्ञात करने की मुख्यतः तीन विधियाँ हैं–

1. भाग विधि
2. विलोकनम् विधि
3. वैदिक व्यापक विधि

वैदिक विधि से घनमूल ज्ञात करने की दो ही विधियाँ हैं– विलोकनम् विधि एवं वैदिक व्यापक विधि। घनमूल ज्ञात करने के लिए भाग विधि का ज्ञान बहुत कम विद्यार्थियों को है। इस दृष्टि से दो उदाहरणों द्वारा इसको स्पष्ट करेंगे। भाग विधि मूलतः प्रसिद्ध भारतीय गणितज्ञ आर्यभट्ट की देन है। इनकी प्रसिद्ध पुस्तक आर्यभट्टीय में निम्नलिखित श्लोक घनमूल ज्ञात करने की भाग विधि को दर्शाता है–

**अघनाद भजेद द्वितीयात त्रिगुणेन घनस्य मूलवर्गेण।**
**वर्गस्त्रियपूर्व गुणितः शोध्यः प्रथमाद घनस्य घनात्॥**

भाग विधि द्वारा घनमूल ज्ञात करना–

**उदाहरण–** (i) 389017 का घनमूल ज्ञात करना।

**हल** सर्वप्रथम इकाई के अंक से आरम्भ करके दो-दो अंक छोड़कर अंकों के ऊपर बिन्दु लगाते हैं। बिन्दी लगाने का उद्देश्य पूरी संख्या को तीन-तीन अंकों के समूह में बाँटना है। इस प्रकार जितने समूह में बनेंगे, दी हुई संख्या के घनमूल में उतने ही अंक होंगे।

$$\begin{array}{c|l} & 3\,8\,\dot{9}\,0\,1\,\dot{7} \\ \hline & \end{array}$$

- पहली बिन्दी 7 पर तथा दूसरी बिन्दी दो अंक छोड़कर 9 पर लगायी। इस प्रकार दो समूह बने अर्थात् घनमूल में अंकों की संख्या दो होगी।
- सबसे बायीं ओर समूह 389 है। वह कौन-सी बड़ी से बड़ी संख्या है, जिसका घन 389 से कम है। उत्तर मिला– 7 (सारिणी से) 7 को घनमूल के प्रथम अंक के रूप में लिखा 7 के घन 343 को 389 के नीचे लिखकर 389 में से 343 घटाया। शेष 46 बचे। अब समूह 017 को नीचे लेकर 46 के दाहिनी ओर लिखने पर अगला भाज्य हमें 46017 प्राप्त हुआ।

$$\begin{array}{c|l} 7 & 3\,8\,\dot{9}\,0\,1\,\dot{7} \\ \hline & 3\,4\,3 \\ \hline & \;\;4\,6\,0\,1\,7 \end{array}$$

- घनमूल के प्रथम अंक 7 को मूलांश मानकर उसके वर्ग के तिगुने अर्थात् $7^2 \times 3 = 49 \times 3 = 147$ को जाँच भाजक माना।
- इस जाँच भाजक का भाग 460 में (दाहिनी ओर के दो अंक छोड़कर) 3 बार गया। यह संख्या 3 जाँच भजनफल कहलाती है।

- मूलांश 7 के तिगुने 21 को बायीं ओर तथा जाँच भजनफल 3 को दायीं ओर रखने पर हमें संख्या 213 प्राप्त हुई। इस संख्या को जाँच भजनफल 3 से गुणा करने पर गुणनफल 639 प्राप्त हुआ। इस संख्या को जाँच भाजक 147 के नीचे दो अंक छोड़कर निम्नानुसार लिखा–

$$\begin{array}{rrrrr} 1 & 4 & 7 & & \\ + & & 6 & 3 & 9 \\ \hline 1 & 5 & 3 & 3 & 9 \end{array}$$

योगफल 15339 आया। यह सत्य भाजक है। इस सत्य भाजक का भाग 46017 में 3 बार जाता है।

$$\begin{array}{rr|l} & 73 & 3\ 8\ \dot{9}\ 0\ 1\ \dot{7} \\ 7^2 \times 3 = 147 & & 3\ 4\ 3 \\ \cline{3-3} 639 & & \ \ 4\ 6\ 0\ 1\ 7 \\ \cline{1-1} 15339 & & -4\ 6\ 0\ 1\ 7 \\ \cline{3-3} & & \ \ 0\ 0 \end{array}$$

3 को घनमूल के द्वितीय अंक के रूप में लिखा। 3 का 15339 में गुणा करने पर 46017 आया। इसे भाज्य 46017 के नीचे रखा। घटाया, शेष, शून्य। घनमूल की प्रक्रिया समाप्त।

अतः 389017 का घनमूल = 73 उत्तर।

**उदाहरण–** (ii) 143877824 का घनमूल ज्ञात करना।

**हल** $14\dot{3}87\dot{7}82\dot{4}$ प्रक्रिया के पद निम्नानुसार हैं–

- पहली बिन्दी इकाई के अंक 4 पर, दूसरी बिन्दी दो अंक छोड़कर 7 पर, तीसरी बिन्दी पुनः दो अंक छोड़कर 3 पर।
- सबसे बायीं ओर की संख्या 143, वह बड़ी से बड़ी संख्या ज्ञात की जिसका घन 143 से कम हो, उत्तर मिला 5 । यह घन मूल का प्रथम अंक है। इसके घन 125 को 143 के नीचे लिखा, घटाया, शेष = 18

  अगला समूह 877 उतारा संख्या बनी 18877 यह अगला भाज्य है।

```
5 | 1 4 3 8 7 7 8 2 4
  | −1 2 5
  |------------------
  | 1 8 8 7 7
```

- मूलांश 5 के वर्ग का तिगुना अर्थात् $5^2 \times 3 = 75$ को जाँच भाजक मानकर इसका भाग 188 में देने पर 2 बार गया। यह 2 जाँच भजनफल कहलाता है।
- मूलांश के तिगुने 15 को बायीं ओर तथा जाँच भजनफल 2 को दायीं ओर लिखने पर संख्या 152 प्राप्त हुई। इसे जाँच भजनफल 2 से गुणा करने पर गुणनफल 304 प्राप्त हुआ। इसे जाँच भाजक 75 के नीचे निम्नानुसार लिखकर जोड़ा–

```
   7 5
+   3 0 4
---------
  7 8 0 4
```

योग 7804 प्राप्त हुआ। यह सत्य भाजक है। इसका भाग 18877 में 2 बार दिया। 7804 में 2 का गुणा करने पर गुणनफल 15608 प्राप्त हुआ। इसे 18877 के नीचे लिखा। घटाया।

```
                  52 | 1 4 3 8 7 7 8 2 4
(5)² × 3 = 7 5       | −1 2 5
               3 0 4 |----------------
---------------------|   1 8 8 7 7
             7 8 0 4 | − 1 5 6 0 8
                     |----------------
                     |     3 2 6 9
```

शेष 3269 प्राप्त हुए। अगला समूह 824 उतारा।

अगला भाज्य = 3269824

- मूलांश 52 के वर्ग का तिगुना $= (52)^2 \times 3 = 2704 \times 3 = 8112$

  यह जाँच भाजक है। इसका भाग 3269824 में 4 बार गया। यह 4 जाँच भजनफल है।
- मूलांश के तिगुने $52 \times 3 = 156$ को दायीं ओर तथा जाँच भजनफल 4 को बायीं ओर लिखने पर संख्या 1564 प्राप्त हुई।

इसमें जाँच भजनफल 4 का गुणा करने पर गुणनफल $1564 \times 4 = 6256$ प्राप्त हुआ।

| | |
|---|---|
| 5 2 4 | 1 4 $\dot{3}$ 8 7 $\dot{7}$ 8 2 $\dot{4}$ |
| | −1 2 5 |
| $(5)^2 \times 3 = 75$ | 1 8 8 7 7 |
| 3 0 4 | −1 5 6 0 8 |
| 7 8 0 4 | |
| $(52)^2 \times 3 = 8112$ | 3 2 6 9 8 2 4 |
| 6 2 5 6 | −3 2 6 9 8 2 4 |
| 8 1 7 4 5 6 | |
| | 0 0 0 0 0 0 0 |

- गुणनफल 6256 को जाँच भाजक 8112 के नीचे दो अंक छोड़कर निम्नानुसार लिखने एवं योग करने पर सत्य भाजक 817456 प्राप्त हुआ।

$$\begin{array}{r} 8112\phantom{00} \\ 6256 \\ \hline 817456 \end{array}$$

इसका भाग भाज्य 32699824 में 4 बार जाने पर $817456 \times 4 = 3269824$ को भाज्य 3269824 के नीचे रखा। घटाया। शेष शून्य। घन मूल का तृतीय एवं अन्तिम अंक 4 हुआ।

अत: 143877824 का घनमूल = 524 उत्तर।

घनमूल ज्ञात करने की भाग विधि का आपने अध्ययन किया। भाग विधि द्वारा (प्रचलित विधि) घनमूल ज्ञात करने की प्रक्रिया अत्यन्त कठिन एवं उबाऊ है। इसके विपरीत वैदिक विधि द्वारा घनमूल ज्ञात करना अत्यन्त सरल एवं रुचिपूर्ण है। जैसे– पहले बताया जा चुका है। वैदिक विधि से घनमूल ज्ञात करने की दो विधियाँ हैं– विलोकनम् विधि एवं व्यापक विधि। सर्वप्रथम हम यहाँ विलोकनम् विधि की चर्चा करेंगे।

**9.3 घनमूल ज्ञात करने की विलोकनम् विधि–** विलोकनम् विधि से घनमूल केवल उन्हीं पूर्णघन संख्याओं का ज्ञात किया जा सकता है, जिनमें अंकों की संख्या 7 से कम हो। विलोकनम् विधि से घनमूल ज्ञात करने की प्रक्रिया निम्नानुसार है–

- दी गयी पूर्ण घन संख्या को भाग विधि की तरह बिन्दी लगाकर समूह में बाँटते हैं।
- चूँकि इस विधि द्वारा केवल उन्हीं संख्याओं का घनमूल ज्ञात किया जा सकता है, जिनमें 7 से कम अंक हो, अतः समूह दो से अधिक नहीं बनेंगे।
- यदि केवल एक समूह बनता है और आपको सारिणी कण्ठस्थ है, तो संख्या देखते ही आप उसके घनमूल का उत्तर दे देंगे।
- यदि समूहों की संख्या दो है, तो सर्वप्रथम संख्या का इकाई का अंक देखें तथा उस इकाई अंक से सम्बन्धित घनमूल सारिणी से ज्ञात करें। यह घनमूल का इकाई अंक होगा। उदाहरण के लिए यदि संख्या का इकाई अंक 0, 1, 4, 5, 6, 9 है, तो घनमूल का इकाई अंक भी क्रमशः 0, 1, 4, 5, 6, 9 ही होगा। यदि संख्या का इकाई अंक भी क्रमशः 2, 3, 7, 8 है, तो घनमूल का इकाई अंक क्रमशः 8, 7, 3 तथा 2 होगा। (सारिणी देखें)
- इसके पश्चात् दूसरा समूह (सबसे बायीं ओर) देखें। ज्ञात करें कि वह कौनसी बड़ी से बड़ी संख्या है, जो इस समूह की संख्या से कम है। वही संख्या घनमूल का दहाई अंक होगा। निम्नलिखित उदाहरणों से यह प्रक्रिया पूर्णतः स्पष्ट हो जायेगी।

**टिप्पणी–** विलोकनम् विधि से घनमूल ज्ञात करने के लिए सारिणी कण्ठस्थ होना आवश्यक है।

**सारिणी**

| **घन** | 1 | 8 | 27 | 64 | 125 | 216 | 343 | 512 | 729 |
|---|---|---|---|---|---|---|---|---|---|
| **घनमूल** | 1 | 2 | 3 | 4 | 5 | 6 | 7 | 8 | 9 |

**उदाहरण–** (i) 13824 का घनमूल ज्ञात करना।

**हल** $1\overset{g}{3}82\overset{g}{4}$

दी गयी संख्या का इकाई अंक = 4

घनमूल का इकाई अंक = 4

वह बड़ी से बड़ी संख्या जिसका घन 13 (बायीं ओर दूसरा समूह) से कम = 2

अतः घनमूल का दहाई अंक = 2

दी गयी संख्या 13824 का घनमूल = 24

इसे संकेत रूप में इस प्रकार लिखते है–

$\sqrt[3]{13824} = 24$ उत्तर

**उदाहरण–** (ii) 103823 का घनमूल ज्ञात करना।

**हल** $10\overset{g}{3}82\overset{g}{3}$

दी गयी संख्या का इकाई अंक = 3

घनमूल का इकाई अंक = 7

वह बड़ी से बड़ी संख्या जिसका घन 103 (सबसे बायीं ओर दूसरा समूह) से कम = 4,

अतः घनमूल का दहाई अंक = 4

$\sqrt[3]{103823} = 47$ उत्तर

**उदाहरण–** (iii) 551368 का घनमूल ज्ञात करना।

**हल** $55\overset{g}{1}36\overset{g}{8}$

दी गयी संख्या का इकाई अंक = 8

घनमूल का इकाई अंक = 2

वह बड़ी से बड़ी संख्या जिसका घन 551 (सबसे बायीं ओर अन्तिम समूह) से कम = 8

अतः घनमूल का दहाई अंक = 8

अतः $\sqrt[3]{551368} = 82$ उत्तर

**उदाहरण–** (iv) 250047 का घनमूल ज्ञात करना।

**हल** $25\overset{g}{0}04\overset{g}{7}$

दी गयी संख्या का इकाई अंक = 7

घनमूल का इकाई अंक = 3

वह बड़ी से बड़ी संख्या जिसका घन 250 से कम = 6

घनमूल का दहाई अंक = 6

अतः $\sqrt[3]{250047} = 63$ उत्तर।

**उदाहरण–** (v) 421875 का घनमूल ज्ञात करना।

**हल** $42\overset{g}{1}87\overset{g}{5}$

दी गयी संख्या का इकाई अंक = 5

घनमूल का इकाई अंक = 5

वह बड़ी से बड़ी संख्या जिसका घन 421 से कम = 7

अतः घनमूल का दहाई अंक = 7

अतः $\sqrt[3]{421875} = 75$ उत्तर।

**9.4 वैदिक विधि से घनमूल ज्ञात करने की व्यापक विधि–** इस विधि द्वारा घनमूल ज्ञात करने में अंकों का कोई प्रतिबन्ध नहीं है जैसा कि विलोकनम् विधि में था। इस विधि द्वारा कितनी ही बड़ी पूर्ण घन संख्या का घनमूल ज्ञात किया जा सकता है। घनमूल ज्ञात करने की प्रक्रिया में हम निम्नलिखित संकेतों का प्रयोग करेंगे–

इ० = घनमूल का इकाई अंक

द० = घनमूल का दहाई अंक

सै० = घनमूल का सैकड़ा अंक

किसी पूर्णघन संख्या का घनमूल ज्ञात करने की प्रक्रिया निम्नानुसार है–

- दी गयी संख्या का इकाई अंक देखक घनमूल का इकाई अंक ज्ञात करना (विलोकनम् विधि)।
- दी गयी संख्या के घनमूल का दहाई अंक सूत्र 3 इ०$^2$ द० की सहायता से ज्ञात करते हैं। यहाँ इ० घनमूल का इकाई अंक तथा द० घनमूल का दहाई अंक है।
- दी गयी संख्या के घनमूल का सैकड़ा का अंक सूत्र 3 इ०$^2$ सै० + 3 इ० द०$^2$ की सहायता से ज्ञात करते है।

- दी गयी संख्या के घनमूल का प्रथम अंक संख्या के अन्तिम समूह (सबसे बायें) की सहायता से ज्ञात करते हैं।

> **टिप्पणी–** समूह बनाना हम दाहिनी ओर से प्रारम्भ करते है अत: सबसे बायीं ओर अन्तिम समूह होगा।

कुछ उदाहरणों की सहायता से घनमूल ज्ञात करने की उपर्युक्त प्रक्रिया को हम स्पष्ट करेंगे। 7 से कम अंकों की संख्या के घनमूल हम विलोकनम् विधि द्वारा ज्ञात कर सकते हैं। इसलिए यहाँ हम सभी उदाहरण सात से अधिक अंकों वाली संख्याओं के लेंगे।

**उदाहरण–** (i) 116930169 का घनमूल ज्ञात करना।

**हल** $11\overset{g}{6}93\overset{g}{0}16\overset{g}{9}$

दी गयी संख्या का इकाई अंक = 9

घनमूल का इकाई अंक = 9 (सारिणी से)

116930169 में से इ०$^3$ = 9 × 9 × 9 = 729 घटाने पर–

$$\begin{array}{r} 1\,1\,6\,9\,3\,0\,1\,6\,9 \\ -\quad 7\,2\,9 \\ \hline 1\,1\,6\,9\,2\,9\,4\,4\,[\not{0}] \end{array}$$
(शून्य का विलोपन)

3 इ०$^2$ द० = 3 × 9 × 9 द० = 243 द०

11692944 में इकाई अंक 4 का विलोपन करने के लिए 243 × द० के गुणनफल का इकाई अंक 4 होना चाहिए। अत: द० = 8 अर्थात् दी गयी संख्या के घनमूल का दहाई अंक 8 ।

वह बड़ी से बड़ी संख्या, जिसका घन दी गयी संख्या के अन्तिम समूह की संख्या 116 से कम = 4 अर्थात् घनमूल का प्रथम अंक = 4 अर्थात् सैकड़ा का अंक = 4

इस प्रकार हम देखते हैं कि दी गयी संख्या के घनमूल का सैकड़ा का अंक = 4

दी गयी संख्या के घनमूल का दहाई का अंक = 8

दी गयी संख्या के घनमूल का इकाई का अंक = 9

अत: $\sqrt[3]{116930169} = 489$ उत्तर

**उदाहरण–** (ii) 13312053 का घनमूल ज्ञात करना।

**हल** $1\overset{g}{3}31\overset{g}{2}05\overset{g}{3}$

दी गयी संख्या का इकाई अंक = 3

घनमूल का इकाई अंक = 7 = इ० (सारिणी से)

उपर्युक्त दी गई संख्या में से इकाई अंक 3 विलोपन करने के लिए इ०$^3$ = $7^3$ = 7 × 7 × 7 = 343 घटाया

$$\begin{array}{r} 1331205\ 3 \\ -\quad\quad 34\ 3 \\ \hline 1331171\ \boxed{0} \end{array}$$ (शून्य का विलोपन)

दहाई अंक ज्ञात करने के लिए सूत्र 3 इ०$^2$ द० का प्रयोग

3 इ०$^2$ द० = 3 × 7 × 7 द० = 147 द०

संख्या 1331171 में 1 का विलोपन करने के लिए 147 द० में द० का वह मान रखेंगे, जिससे गुणनफल में इकाई का अंक 1 हो।

अतः द० = 3 अर्थात् घनमूल का दहाई का अंक = 3

वह बड़ी से बड़ी संख्या, जिसका घन संख्या के अन्तिम समूह की संख्या 13 से कम हो 2, यह घनमूल का प्रथम अंक अर्थात् सैकड़ा का अंक है।

इस प्रकार हम देखते हैं कि दी गयी संख्या के घनमूल के इकाई, दहाई और सैकड़ा के अंक क्रमशः 7, 3 तथा 2 है।

अतः $\sqrt[3]{13312053} = 237$ उत्तर।

**उदाहरण–** (iii) 275894451 का घनमूल ज्ञात करना।

**हल** $27\overset{g}{5}89\overset{g}{4}45\overset{g}{1}$

दी गयी संख्या का इकाई अंक = 1

घनमूल का इकाई अंक = 1

दी गयी संख्या 275894451 में से इ०$^3$ = $1^3$ = 1 × 1 × 1 = 1 घटाने पर

$$\begin{array}{r} 2\,7\,5\,8\,9\,4\,4\,5\,1 \\ -\qquad\qquad\quad 1 \\ \hline 2\,7\,5\,8\,9\,4\,4\,5\,[\not{0}] \end{array}$$ (शून्य का विलोपन)

3 इ०$^2$ द० = 3 × 1 × 1 द० = 3 द०

संख्या 27589445 में 5 का विलोपन करने के लिए द० = 5 अर्थात् दी गयी संख्या के घनमूल का दहाई अंक = 5 वह बड़ी से बड़ी संख्या जिसका घन 275 से कम हो, 6 अतः घनमूल का प्रथम अंक अर्थात् सैकड़ा अंक = 6

इस प्रकार हम देखते हैं कि घनमूल का इकाई अंक = 1

घनमूल का दहाई का अंक = 5

घनमूल का सैकड़ा अंक = 6

अतः $\sqrt[3]{275894451} = 651$ उत्तर।

**उदाहरण–** (iv) 45118016 का घनमूल ज्ञात करना।

**हल** $4\overset{g}{5}11\overset{g}{8}01\overset{g}{6}$ का घनमूल

दी गयी संख्या का इकाई अंक = 6

घनमूल का इकाई अंक = 6

दी गयी संख्या में से इ०$^3$ = $6^3$ = 6 × 6 × 6 = 216 घटाने पर

$$\begin{array}{r} 4\,5\,1\,1\,8\,0\,1\,6 \\ 2\,1\,6 \\ \hline 4\,5\,1\,1\,7\,8\,0\,[\not{0}] \end{array}$$ (शून्य का विलोपन)

3 इ०$^2$ द० = 3 × 6 × 6 द० = 108 द०

संख्या 4511780 में उप-अन्तिम 0 (शून्य) का विलोपन करने के लिए द० = 0 अथवा 5 यहाँ 'द०' (घनमूल के दहाई अंक के दो मान 0 तथा 5) होने के कारण दुविधा उत्पन्न हो जाती है। इस दुविधा को दूर करने के लिए करना केवल यह है कि घनमूल की प्रक्रिया आरम्भ करने से पूर्व 8 का भाग तब तक देते रहिए, जब तक कि विषम संख्या न प्राप्त हो जाये। विषम संख्या प्राप्त होते ही यदि संख्या में 7 से कम अंक है, तो विलोकनम् विधि अन्यथा उपर्युक्त व्यापक विधि से प्रश्न हल करें। व्यापक विधि विषम संख्याओं के लिए ही सर्वोत्तम है। सम संख्या को जैसा ऊपर बताया जा चुका है, आठ से तब तक भाग देते रहिए, जब तक कि विषम संख्या प्राप्त न हो जाये। उपर्युक्त प्रश्न को अब इसी सिद्धान्त के आधार पर हल करेंगे।

**हल** $4\overset{g}{5}11\overset{g}{8}01\overset{g}{6}$

| 8 | 4 5 1 1 8 0 1 6 |
|---|---|
| 8 | 5 6 3 9 7 5 2 |
|  | 7 0 4 9 6 9 |

अर्थात् $45118016 = 704969 \times 8 \times 8$

अब हम 704969 का घनमूल विलोकनम् विधि से ज्ञात करेंगे (अंकों की संख्या 7 से कम)

घनमूल का इकाई अंक = 9

घनमूल का दहाई अंक = 8

अतः $\sqrt[3]{704969} = 89$

पुनः $\sqrt[3]{45118016} = \sqrt[3]{704969 \times 8 \times 8} = 89 \times 2 \times 2$

= 356 उत्तर।

**उदाहरण–** (v) 580093704 का घनमूल ज्ञात करना।

**हल** $58\overset{g}{0}09\overset{g}{3}70\overset{g}{4}$

दी गयी संख्या एक सम संख्या है, अतः 8 से भाग देने पर

| 8 | 5 8 0 0 9 3 7 0 4 |
|---|---|
|  | 7 2 5 1 5 7 1 3 |

अतः $580093704 = 72515713 \times 8$

अब हम 72515713 का घनमूल ज्ञात करेंगे, जो कि एक विषम संख्या है–

$7\overset{g}{2}51\overset{g}{5}71\overset{g}{3}$

दी गयी संख्या का इकाई अंक = 3

घनमूल का इकाई अंक = 7

$72515713 - 7^3 = 72515713 - 343$

= 72515370 (शून्य का विलोपन)

= 7251537

= 3 इ$_0^2$ द$_0$ = $3 \times 7 \times 7$ = 147 द$_0$

7251537 में 7 के विलोपन के लिए 147 द$_0$ में द$_0$ का मान = 1

अतः दहाई का अंक = 1

वह बड़ी से बड़ी संख्या जिसका घन 72 से कम हो
4, अतः सैकड़ा का अंक = 4
घनमूल = 417
580093704 = 72515713 × 8

$= \sqrt[3]{580093704} = \sqrt[3]{72515713 \times 8}$
= 417 × 2
= 834 उत्तर

**उदाहरण–** (vi) 14832537993 का घनमूल ज्ञात करना।

**हल** $1\overset{g}{4}83\overset{g}{2}53\overset{g}{7}99\overset{g}{3}$

दी गयी संख्या का इकाई का अंक = 3
घनमूल का इकाई अंक = 7
अन्तिम अंक 3 का विलोपन करने के लिए
$7^3 = 7 \times 7 \times 7 = 343$ घटाने पर

$$\begin{array}{r} 1483253799\,3 \\ -\quad 34\,3 \\ \hline 1483253765\,\boxed{0} \end{array}$$ (शून्य का विलोपन) ........... (i)

$= 3$ इ$^2$ द० $= 3 \times 7 \times 7$ द० $= 147$ द०

(i) में दी गयी संख्या के अन्तिम अंक 5 का विलोपन करने के लिए
147 द० में द० = 5
अतः घनमूल का दहाई अंक = 5
147 × 5 = 735 घटाने पर
1483253765 – 735
= 148325303 .............(ii)
3 इ$^2$ सै० + 3 इ० द$^2$ = 3 × 7 × 7 सै०+ 3 × 7 × 5 × 5
= 147 सै० + 525
विलोपन करने के लिए 147 सै० + 525 = 148325303 या
147 सै० = 148325303 – 525
147 सै० = 148324778

सै० का ऐसा मान कि 147 में गुणा करने पर इकाई अंक 8 आये = 4 । अतः घनमूल का सैकड़ा अंक सै० = 4

वह बड़ी से बड़ी संख्या जिसका घन दी गई संख्या के अन्तिम समूह की संख्या 14 से कम = 2

अतः घनमूल का प्रथम अंक अथवा हजार के स्थान का अंक = 2

इस प्रकार हम देखते हैं कि दी हुई संख्या के घनमूल का–

हजार का अंक = 2

सैकड़ा का अंक = 4

दहाई का अंक = 5

इकाई का अंक = 7

अतः $\sqrt[3]{14832537953}$

= 2457 उत्तर।

**उदाहरण–** (vii) 43465692096 का घनमूल ज्ञात करना।

**हल** 43465692096 का घनमूल

उपर्युक्त संख्या एक सम संख्या है, अतः 8 से भाग देने पर–

| | |
|---|---|
| 8 | 4 3 4 6 5 6 9 2 0 9 6 |
| 8 | 5 4 3 3 2 1 1 5 1 2 |
| | 6 7 9 1 5 1 4 3 9 |

अतः 43465692096 = 679151439 × 8 × 8

यहाँ हम विषम संख्या 679151439 का घनमूल ज्ञात करेंगे–

679151439

उपर्युक्त संख्या का इकाई का अंक = 9

अतः घनमूल का इकाई अंक = 9

अन्तिम अंक 9 का विलोपन करने के लिए इ०$^3$ = 9 × 9 × 9 = 729 घटाने पर

679151439 – 729 = 67915071 (शून्य का विलोपन)

3 इ०$^2$ द० = 3 × 9 × 9 द० = 243 द०

संख्या 67915071 मे अन्तिम अंक 1 का विलोपन करने के लिए 243 द० में द० का मान = 7, अतः घनमूल का दहाई अंक = 7

वह बड़ी से बड़ी संख्या जिसका मान संख्या 679151439 के अन्तिम समूह की संख्या 679 से कम = 8

अतः घनमूल का सैकड़ा अंक अर्थात् प्रथम अंक = 8

अतः घनमूल = 879

चूँकि पुनः 43465692096 = 679151439 × 8 × 8

अतः $\sqrt[3]{43465692096} = \sqrt{679151439 \times 8 \times 8}$

= 879 × 2 × 2

= 3516 उत्तर।

## प्रश्नावली-9

निम्नलिखित संख्याओं के घनमूल ज्ञात करना।

| | | |
|---|---|---|
| 1. 12167 | 2. 5832 | 3. 175616 |
| 4. 658503 | 5. 54872 | 6. 438976 |
| 7. 103823 | 8. 328509 | 9. 531441 |
| 10. 970299 | 11. 1157625 | 12. 34645976 |
| 13. 533411731 | 14. 9938375 | 15. 69934528 |
| 16. 236029032 | 17. 137388096 | 18. 384240583 |
| 19. 537367797 | 20. 741217625 | |

---

## उत्तरमाला

| | | |
|---|---|---|
| 1. 23 | 2. 18 | 3. 56 |
| 4. 87 | 5. 38 | 6. 76 |
| 7. 47 | 8. 69 | 9. 81 |
| 10. 99 | 11. 105 | 12. 326 |
| 13. 811 | 14. 215 | 15. 412 |
| 16. 618 | 17. 516 | 18. 727 |
| 19. 813 | 20. 905 | |

❖❖❖

**10**

# उत्तर-परीक्षण

## Answer Test

10.1 **विषय-प्रवेश–** जब हम गणित की मूलभूत क्रियाओं– योग, व्यवकलन, गुणन अथवा भाग करते हैं, तो हमारे मन में उत्तर के प्रति थोड़ी शंका अवश्य बनी रहती है। इसीलिए हम किसी दिये हुए प्रश्न के हल की दुबारा जाँच करते हैं। इस जाँच के लिए हमें पूरी प्रक्रिया दोहराना पड़ती है। जाँच के लिए पूरी प्रक्रिया दोहराना न पड़े इसके लिए वैदिक गणित में उत्तर-परीक्षण की अति सूक्ष्म विधि है। जिसका नाम है– ''नौ (9) की विलोपन पद्धति'' इस पद्धति को समझने के पूर्व यह जान लेना आवश्यक है कि किसी संख्या का बीजांक किस प्रकार ज्ञात करते हैं।

10.2 **बीजांक–** जैसा कि हम अध्याय एक में जान चुके है कि बीजांक नौ हैं– 1, 2, 3, 4, 5, 6, 7, 8 तथा 9 । किसी संख्या का बीजांक ज्ञात करने की विधि निम्नानुसार है–

संख्या के अंकों को जोड़कर उसे एक अंकीय संख्या में परिवर्तित कीजिए। यही एक अंक उस संख्या का बीजांक कहलाता है। उदाहरण के लिए यदि हमें संख्या 35476 का बीजांक ज्ञात करना है, तो इसके अंकों का योग = 3 + 5 + 4 + 7 + 6 = 25 होगा।

संख्या 25 को एक अंकीय संख्या में परिवर्तित करने के लिए इसके अंकों को पुनः जोड़ेंगे। अतः 25 के अंकों का जोड़ $= 2 + 5 = 7$ । यही संख्या 35476 का बीजांक है। ध्यान रहे किसी संख्या का बीजांक ज्ञात करने के लिए हम 9 का विलोपन करते हैं। जैसे संख्या 35476 में–

$$\text{अंकों का योग} = 3 + 5 + 4 + 7 + 6$$
$$= \underline{3 + 6} + \underline{5 + 4} + 7$$
$$= 7$$

($3 + 6 = 9$, $4 + 5 = 9$ का विलोपन करने पर)

यदि किसी संख्या का बीजांक 9 आता है, तो उसके बीजांक का मान शून्य माना जाये, क्योंकि 9 का हम विलोपन करते हैं। अतः $9 - 9 = 0$

कुछ और उदाहरणों द्वारा हम इसे स्पष्ट करेंगे–

| संख्या | अंकों का योग | बीजांक |
|---|---|---|
| 4 5 7 2 | 4+5+7+2=18 = 1+8 = | 9 |
| 3 1 2 9 7 | 4+5+7+2=22 = 2+2 = | 4 |
| 6 5 3 2 1 7 | 6+5+3+2+1+7 = 24 = 2+4 = | 6 |

**10.3 योग के लिए उत्तर परीक्षण–** दी हुई संख्याओं के योग का उत्तर-परीक्षण करने के लिए हम दी हुई संख्याओं के बीजांक ज्ञात करते हैं। यदि इन बीजांकों का योग उत्तर के बीजांक के बराबर है, तो योग के प्रश्न का हल सही है।

**उदाहरण–** (i)

| | अंकों का योग | बीजांक |
|---|---|---|
| 4 8 5 7 | 24 | 6 |
| 3 2 0 6 | 11 | 2 |
| 5 1 7 2 | 15 | 6 |
| + 6 3 4 9 | 21 | 3 |
| 1 9 5 8 3 | 26 = 8 | 17 = 8 |

| उत्तर के अंकों का योग | संख्याओं के बीजांक का योग |
|---|---|
| = 26 | = 17 |
| उत्तर का बीजांक = 8 | इसका बीजांक = 8 |

उपर्युक्त उदाहरण में हम देखते हैं कि दी हुई संख्याओं के बीजांकों के योग का बीजांक उत्तर के बीजांक के बराबर है, अतः उत्तर सही है।

**उदाहरण–** (ii)

| | अंकों का योग | बीजांक |
|---|---|---|
| 4 3 7 5 6 | 25 | 7 |
| 2 1 0 3 4 | 10 | 1 |
| 6 8 9 2 5 | 30 | 3 |
| + 1 3 5 7 9 | 25 | 7 |
| 1 4 7 2 9 4 | 27 = 9 | 18 = 9 |
| | उत्तर के अंकों का योग | संख्याओं के बीजांक का योग |

उत्तर का बीजांक = 9

उपर्युक्त उदाहरण में हम देखते हैं कि दी हुई संख्याओं के बीजांकों के योग का बीजांक उत्तर के बीजांक के बराबर है, अतः प्रश्न का हल (उत्तर) सही है।

**उदाहरण–** (iii)

| | अंकों का योग | बीजांक |
|---|---|---|
| 8 5 6 | 19 | 1 |
| 2 5 7 | 14 | 5 |
| + 4 0 3 | 7 | 7 |
| 1 5 1 5 | 12 = 3 | 13 = 4 |
| | उत्तर के अंकों का योग | संख्याओं के बीजांक का योग |

उपर्युक्त उदाहरण में हम देखते हैं कि दी हुई संख्याओं के बीजांकों के योग का बीजांक उत्तर के बीजांक के बराबर नहीं है, अतः प्रश्न का हल (उत्तर) गलत है।

**10.3 व्यकलन के लिए उत्तर-परीक्षण–** व्यवकलन के उत्तर की जाँच के लिए पहले हम व्यकलक का बीजांक ज्ञात करते हैं। इसके पश्चात् व्यवकल्य का बीजांक ज्ञात करते है। व्यकलक के बीजांक में से व्यवकल्य का बीजांक घटाते हैं। यह परिणाम यदि उत्तर के बीजांक के बराबर आता है, तो व्यवकलन का उत्तर सही है।

**उदाहरण–** (i)

| | | अंकों का योग | बीजांक |
|---|---|---|---|
| व्यकलक | 4 7 5 7 3 | 26 | 8 |
| व्यकल्य | – 3 6 2 8 5 | 24 | –6 |
| उत्तर | 1 1 2 8 8 = 20 = 2 | | 2 |

उपर्युक्त उदाहरण में हम देखते हैं कि व्यवकलक के बीजांक 8 में से व्यकल्य का बीजांक 6 घटाने पर शेष 2 बचते हैं तथा उत्तर के अंकों का योग 20 तथा बीजांक 2 + 0 = 2 अर्थात् व्यवकलक के बीजांक में से व्यकल्य का बीजांक घटाने पर शेष उत्तर के बीजांक के बराबर है, अतः उत्तर सही है।

**उदाहरण–** (ii)

| | | अंकों का योग | बीजांक |
|---|---|---|---|
| व्यकलक | 6 2 3 4 5 | 20 | 2 |
| व्यकल्य | – 3 8 8 6 3 | 28 | –1 |
| उत्तर | 2 3 4 8 2 = 19 | | 1 |

= 1 + 9 = 10 = 1

उपर्युक्त उदाहरण में हम देखते हैं कि व्यवकलक के बीजांक में से व्यकल्य का बीजांक घटाने पर शेष उत्तर के बीजांक के बराबर है, अतः उत्तर सही है।

**उदाहरण–** (iii)

| | अंकों का योग | बीजांक |
|---|---|---|
| 4 8 3 7 2 | 24 | 6 + 9 = 1 5 |
| – 2 7 8 8 1 | 26 | 8    – 8 |
| 2 0 4 9 1 = 16 = 1 + 6 = 7 | | 7 |

उपर्युक्त उदाहरण में हम देखते हैं कि व्यवकलक के बीजांक 6 में से व्यकल्य का बीजांक 8 से कम है। अतः घटाना सम्भव नहीं है। अतः 6 में 9 जोड़कर (चूँकि 9 का विलोपन करते है) बीजांक 15 मानकर, 15 में से 8 घटाने पर शेष 7 प्राप्त हुआ। जोकि उत्तर के बीजांक के बराबर है, अतः उत्तर सही है।

**10.4 गुणन के लिए उत्तर-परीक्षण–** गुणन के उत्तर परीक्षण के लिए हम गुण्य का बीजांक ज्ञात करते हैं। गुणक का बीजांक ज्ञात करने करते हैं। दोनों बीजांकों का गुणनफल बीजांक के रूप में ज्ञात करते हैं यदि यह बीजांक गुणनफल के बीजांक के बराबर है, तो प्रश्न का हल सही है।

**उदाहरण–** (i)

$$\begin{array}{rl} 3576 & \text{(गुण्य)} \\ \times \quad 125 & \text{(गुणक)} \\ \hline 447000 & \text{(गुणनफल)} \end{array}$$

गुण्य का बीजांक = 3 + 5 + 7 + 6 = 21 = 2 + 1 = 3

गुणक का बीजांक = 1 + 2 + 5 = 8

गुण्य का बीजांक × गुणक का बीजांक = 3 × 8 = 24

इन दोनों के गुणनफल का बीजांक 2 + 4 = 6

गुणनफल का बीजांक = 4 + 4 + 7 + 0 + 0 + 0 = 15

= 1 + 5 = 6

उपर्युक्त उदाहरण में हम देखते हैं कि गुण्य का बीजांक × गुणनफल का बीजांक दिये हुए प्रश्न के गुणनफल के बीजांक के बराबर है। अतः प्रश्न का हल (उत्तर) सही है।

**उदाहरण–** (ii)

$$\begin{array}{rl} 853214 & \text{(गुण्य)} \\ \times \quad 4523 & \text{(गुणक)} \\ \hline 3859086922 & \text{(गुणनफल)} \end{array}$$

गुण्य का बीजांक = 5 ......... (i)

गुणक का बीजांक = 5 ........ (ii)

(i) और (ii) का गुणनफल = 5 × 5 = 25

(i) और (ii) के गुणनफल का बीजांक = 2 + 5 = 7

दिये हुए प्रश्न के गुणनफल का बीजांक =

3 + 8 + 5 + 9 + 0 + 8 + 6 + 9 + 2 + 2

= 52 = 5 + 2 = 7

इस प्रकार हम देखते है कि गुण्य और गुणक के बीजांकों के गुणनफल का बीजांक दिये हुए प्रश्न के गुणनफल के बीजांक के बराबर है अतः प्रश्न का हल (उत्तर) सही है।

**उदाहरण–** (iii)

$$\begin{array}{r} 85 \\ \times \quad 25 \\ \hline 2225 \end{array}$$

गुण्य का बीजांक $= 8 + 5 = 13 = 1 + 3 = 4$

गुणक का बीजांक $= 2 + 5 = 7$

गुण्य का बीजांक × गुणक का बीजांक $= 4 \times 7 = 28$

इस गुणनफल का बीजांक $= 2 + 8 = 10 = 1 + 0 = 1$

दिये हुए प्रश्न के हल (गुणनफल) का बीजांक

$= 2 + 2 + 2 + 5 = 11 = 1 + 1 = 2$

उपर्युक्त उदाहरण में हम देखते हैं (गुण्य का बीजांक × गुणक का बीजांक) का बीजांक दिये हुए प्रश्न के गुणनफल के बीजांक के बराबर नहीं है अतः प्रश्न का हल गलत है।

**10.5 भाग के प्रश्नों के लिए उत्तर परीक्षण–** हम जानते हैं कि–

(भाजक × भागफल) + शेष = भाज्य

यदि उपर्युक्त सम्बन्ध बीजांकों के लिए सत्य है, तो भाग के प्रश्न का हल सही है अन्यथा गलत है।

**उदाहरण–** (i)

$$\begin{array}{l} 25\overline{)38756}(1150 \\ \quad\ \ \underline{25} \\ \quad\ \ \ 37 \\ \quad\ \ \ \underline{25} \\ \quad\ \ \ 125 \\ \quad\ \ \ \underline{125} \\ \quad\quad\ 6 \end{array}$$

भाजक = 25, भागफल = 115, शेष = 6

भाजक का बीजांक = 7, (2 + 5)

भागफल का बीजांक = 7, (1 + 1 + 5 + 2)

भाज्य का बीजांक = 2, (3 + 8 + 7 + 5 + 6) = 29

= 2 + 9 = 11 = 1 + 1 = 2 ......(i)

(भाजक का बीजांक × भागफल का बीजांक) + शेष का बीजांक

= (7 × 7) + 6 = 49 + 6 = 55 = 5 + 5 = 10

= 1 + 3 = 4 .......(ii)

सिद्धान्ततः (i) और (ii) बराबर होना चाहिए, किन्तु इस उदाहरण में (i) ≠ (ii), अतः प्रश्न का हल गलत है।

**उदाहरण–** (ii)

```
23)853217(37096
   69
   163
   161
    221
    207
     147
     138
       9
```

उपर्युक्त उदाहरण में भाजक का बीजांक = 2 + 3 = 5

भागफल का बीजांक = 3 + 7 + 0 + 9 + 6 = 25

= 2 + 5 = 7

भाज्य का बीजांक = 8 + 5 + 3 + 2 + 1 + 7 = 26

= 2 + 6 = 8 ........(i)

(भाजक का बीजांक × भागफल का बीजांक) + शेष का बीजांक

= [(5 × 7) + 9] का बीजांक

= 35 + 9 = 44 = 4 + 4 = 8 ..........(ii)

उपर्युक्त उदाहरण में हम देखते है कि (i) बराबर (ii) अतः प्रश्न का हल (उत्तर) सही है।

उपर्युक्त उदाहरणों से हमने देखा कि वैदिक गणित की बीजांक पद्धति (9 की विलोपन विधि) द्वारा हम गणित की मूलभूत क्रियाओं–जोड़, व्यवकलन, गुणन एवं भाग के प्रश्नों के हल की जाँच आसानी से और कम समय में कर सकते हैं।

## प्रश्नावली-10

निम्नलिखित प्रश्नों के हल की जाँच वैदिक पद्धति (9 की विलोपन विधि) से कीजिए।

(1)
$$\begin{array}{r} 857 \\ 342 \\ +148 \\ \hline 1337 \end{array}$$

(2)
$$\begin{array}{r} 125 \\ 213 \\ +316 \\ \hline 654 \end{array}$$

(3)
$$\begin{array}{r} 426 \\ 85 \\ +312 \\ \hline 823 \end{array}$$

(4)
$$\begin{array}{r} 5273 \\ 4102 \\ 3251 \\ +4321 \\ \hline 16946 \end{array}$$

(5)
$$\begin{array}{r} 87321 \\ 65105 \\ 32176 \\ +18234 \\ \hline 202836 \end{array}$$

(6)
$$\begin{array}{r} 857 \\ -328 \\ \hline 531 \end{array}$$

(7)
$$\begin{array}{r} 946 \\ 287 \\ \hline 659 \end{array}$$

(8)
$$\begin{array}{r} 4532 \\ -2816 \\ \hline 1716 \end{array}$$

(9)
$$\begin{array}{r} 6732 \\ -2141 \\ \hline 4581 \end{array}$$

(10)
$$\begin{array}{r} 853216 \\ 324105 \\ \hline 529111 \end{array}$$

(11)
$$\begin{array}{r} 85 \\ \times 23 \\ \hline 1955 \end{array}$$

(12)
$$\begin{array}{r} 312 \\ \times 42 \\ \hline 13114 \end{array}$$

(13) $\begin{array}{r} 456 \\ \times 45 \\ \hline 20520 \end{array}$

(14) $\begin{array}{r} 8735 \\ \times 123 \\ \hline 1074405 \end{array}$

(15) $\begin{array}{r} 6251 \\ \times 246 \\ \hline 1536746 \end{array}$

(16) 8732 ÷ 25, भागफल = 349, शेष = 7

(17) 91652 ÷ 142, भागफल = 645, शेष = 62

(18) 625478 ÷ 468, भागफल = 1335, शेष = 230

(19) 857231 ÷ 1005, भागफल = 852, शेष = 971

(20) 6321542 ÷ 2346, भागफल = 2694, शेष = 1418

---

## उत्तरमाला

| | | |
|---|---|---|
| **1.** असत्य | **2.** सत्य | **3.** सत्य |
| **4.** असत्य | **5.** सत्य | **6.** असत्य |
| **7.** सत्य | **8.** सत्य | **9.** असत्य |
| **10.** सत्य | **11.** सत्य | **12.** असत्य |
| **13.** सत्य | **14.** सत्य | **15.** असत्य |
| **16.** सत्य | **17.** सत्य | **18.** असत्य |
| **19.** सत्य | **20.** सत्य | |

❖❖❖